1時間でわかる
SEO対策

遠藤 聡 著

技術評論社

●本書について

はじめに――基本を知らずに応用はできない

こんにちは。著者の遠藤です。この本は「SEO」という言葉を聞いたことはあるけど、具体的になんなのかはわからないという方に、SEOの基本を理解していただけるように、中小企業でWeb担当者をしている私が、本当に大事だと考えていることを厳選して執筆いたしました。

SEOについてはたくさんの参考書があり、さまざまな情報をインターネット上で得ることもできます。すでにSEOについて勉強をしている方や長年取り組んでいる方にとっては、本書に書かれていることは「当たり前」のことばかりかと思います。しかし、なににおいても大事なことは「基本」です。基本となる考え方がしっかりと身に付いていれば、ブレることなく先に進んでいくことができます。

本書が、これから初めてSEOに取り組む方や今現在SEOで悩んでいる方のお役に立てたら幸いです。

本書の特徴――即効理解の実用書

本書は「1時間で読める・わかる」をコンセプトに制作された、まったく新しいタイプの実用書です。「1時間でなにができる?」と疑問を感じているかもしれませんが、知っておくべき必要な知識や操作それほど多くはありません。

逆にいえば、**本書で解説していることを、1時間しっかりと読んで理解することができれば、SEO対策の知識としては十分なのです**。あとは実践あるのみです。

従来の書籍は細かいテクニック等を解説することが多いのですが、本書では**もっとも重要なコツやしくみの解説に重点を置いています**。移動時間でサッと読める「即効理解の実用書」です。

なお、本書は1時間で理解する範囲として2章(98ページ)までを「必読」のパート、それ以降の3章を「プラスα」のパートとして、分けています。

目次

1章 最新版 SEOの基本知識

2章 SEOで対策する言葉選び

3章 内部対策と外部対策

4章 誠実なSEOが成功への道

[免責]

本書に記載された内容は、情報の提供のみを目的としています。したがって、本書を用いた運用は、必ずお客様自身の責任と判断によって行ってください。これらの情報の運用の結果について、技術評論社および著者はいかなる責任も負いません。

本書記載の情報は、2018年3月末日現在のものを掲載していますので、ご利用時には、変更されている場合もあります。

また、本書で紹介しているソフトウェアやWebサービス等は、2018年3月末日現在での最新バージョンをもとにしています。ソフトウェアやWebサービス等はバージョンアップされる場合があり、本書での説明とは機能内容や画面図などが異なってしまうこともあり得ます。ソフトウェアやWebサービス等の画面が異なることを理由とする、本書の返本、交換および返金には応じられませんので、あらかじめご了承ください。

以上の注意事項をご承諾いただいた上で、本書をご利用願います。これらの注意事項に関わる理由に基づく、返金、返本を含む、あらゆる対処を、技術評論社および著者は行いません。あらかじめ、ご承知おきください。

[商標・登録商標について]

1章

最新版 SEOの基本知識

SECTION 01

なぜSEOが必要なのか

必読

SEOとは

　SEO（エスイーオー）とは、Search Engine Optimizationの略語です。日本語に直訳をすると**検索エンジン最適化**となります。SEOを簡単に説明すると、**GoogleやYahooなどで検索を行った結果、上位にWebサイト（ホームページ）が表示されるように、Webサイトを検索エンジンに対して最適化**することです。

　2017年の調査（Internet Marketing Ninjas社）によれば、Googleの検索結果で1位に表示された場合のクリック率（閲覧される率）は21.12%でもっとも多く、同じ1ページ目でも10位では1.64%まで下がります。このようにインターネットで検索を行ったときに見つかる無数のページの中でも、1ページ目の1位に表示されているページは、もっとも多く閲覧されます。

　そのため、多くのWebサイトが、より検索結果の上位に表示されるように、日々、SEOに取り組んでいます。

検索結果の順番

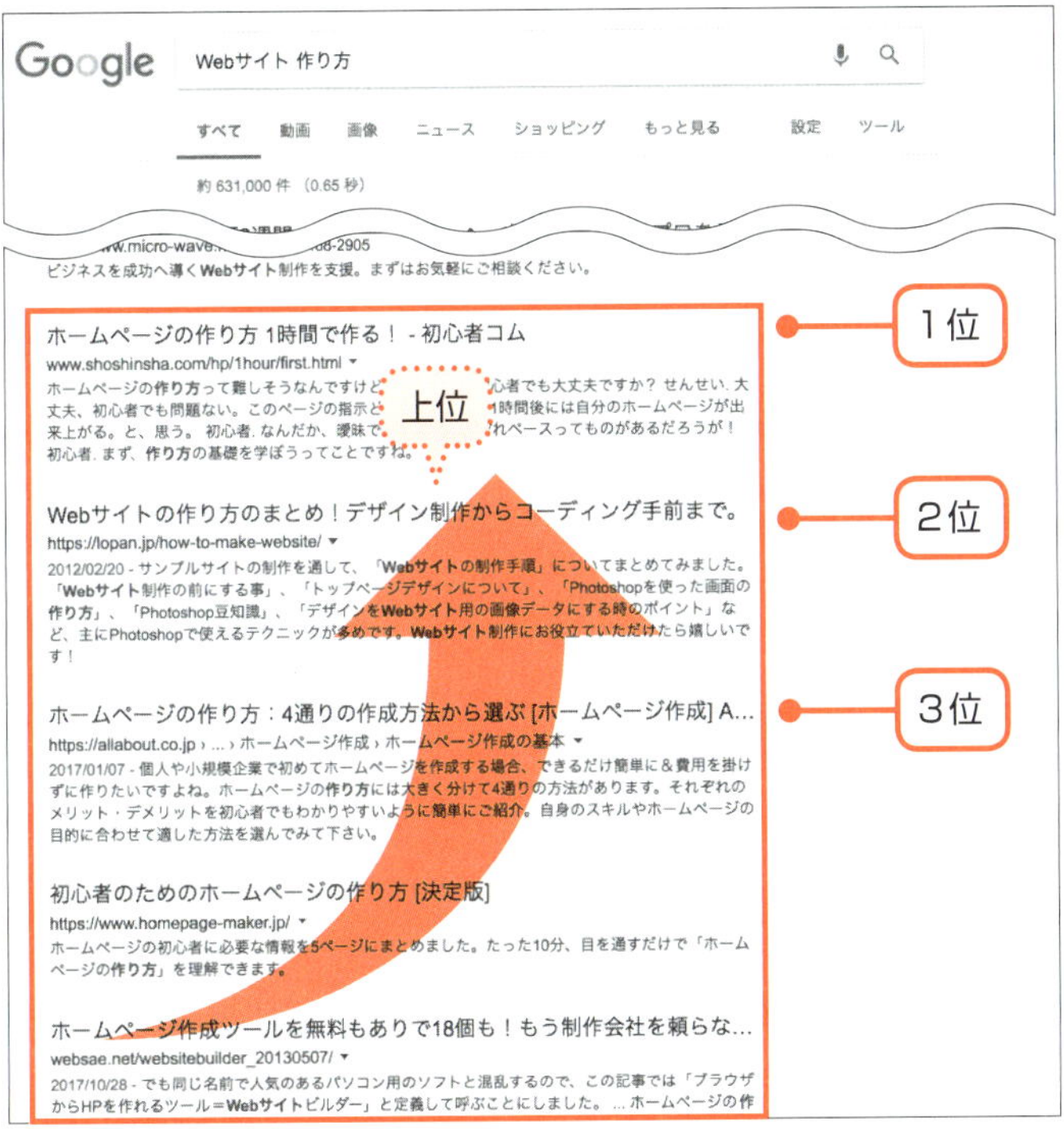

- 順位ごとのクリック率

順位	クリック率
1位	21.12%
2位	10.65%
3位	7.57%
4位	4.66%
5位	3.42%
6位	2.56%
7位	2.69%
8位	1.74%
9位	1.74%
10位	1.64%

なぜSEOが必要なのか

平成28年版総務省情報通信白書によれば、インターネットの人口普及率は83%となっており、インターネットが生活の一部として普及していることがわかります。

これだけ普及をしているインターネットにおいて、**あなたのWebサイトが、インターネットで検索しても見つからない（上位に表示されない）ということは、検索をしている人にとって、あなたの商品や店舗、サービスが存在していないのと同じこと**になります。どれだけ素晴らしい商品があっても、その存在を知る人がいなければ、購入されることはありません。

つまり、現代において「インターネット」で見つからない（出会えない）商品やサービスは圧倒的に不利な立場になるということです。

また、検索結果の上位に表示されるWebサイトの多くはSEOが施されているため、SEOをまったく施していないWebサイトが、検索結果の上位に表示されるのは極めて難しいといえます。

逆にいえば、正しくSEOに取り組むことにより、あなたのWebサイトが検索結果の上位に表示されれば、その分だけ顧客になりうる人に、あなたの商品を知ってもらう機会が増えます。つまり、商品が売れるチャンスが圧倒的に増えることになります。

検索結果に広告を出すというやり方もありますが、多くの利用者は、それが「広告」であることを理解しており、広告表示に対して好意的でない人も増えています。もちろん広告が役に立たないわけではありませんが、広告だけに依存する取り組みは危ういといえます。

SEOは重要

検索結果
3ページ目や5ページ目に
表示されても
見てはもらえない
存在していないのと同じ!!
インターネットの
普及率は83%!!

上位表示は目的を達成する手段のひとつ

SEOに取り組んでいく際に、気を付けなければならないのは**上位表示をすることが最終目的ではない**ということです。どれだけ検索結果で上位表示をして、Webサイトに訪問する人が増えても、「商品が購入されない」「問い合わせがない」ということでは、商売として意味がありません。

商品やサービスと関係のない「キーワード（検索に使われる言葉）」での上位表示や、誰も調べていない「キーワード」で上位表示をしても、商品の購入や問い合わせにはつながりません。意味のあるキーワードでの上位表示が必要なのです。

SEOに取り組み始めると「とにかく上位表示をすること」が目的にすり替わってしまいがちです。しかしSEOは、**商品を売る、顧客を増やすなどの目的を達成するための手段のひとつ**にすぎません。ほかの手段としては、インターネット広告やSNS（ソーシャルメディア）などもあります。

あなたはなぜSEOに取り組む必要があるのか、その理由をしっかりと意識し続けるようにしてください。

上位表示が目的ではない

検索結果で上位表示しても
全然、商品が
売れない…
問い合わせも
申し込みもない…
こんなことにならないように…

SUMMARY

- 検索しても見つからないのは存在しないと同じ
- 上位表示しても商品が売れなければ意味はない

SECTION 02

小手先の手法が通用する時代は終わった

必読

「小手先」で成果が出る時代は終わった

数年前まで「SEO」といえば、「大量の被リンクを貼る」「とにかくキーワードを埋め込む」など小手先の表面的な手法ばかりが叫ばれていました。そういった小手先の手法がインターネット上に蔓延することで、検索をしている人の役に立たないWebサイトばかりが表示されるようになりました。そのため、Googleが検索した結果を掲載するための「検索アルゴリズム」に大幅な修正を加えることになりました。この大幅な修正により**小手先の手法が横行するSEOの時代は終わりを告げました**。

現在では、Webサイトを訪問した人にとって満足できるものであるかどうか、検索をしている人にとって役に立つかどうかが重要です。そのためWebサイトを訪問する人や検索をしている人をないがしろにする小手先の手法は現在の主流と逆行しているので、成果を出すことはできません。それどころか、Webサイトとして立ち直れないほどの痛手を追ってしまう可能性の方が高いのです。

小手先のSEOの例

被リンクの自作　ほかのWebサイトに報酬を払って（または自作）被リンクを増やす

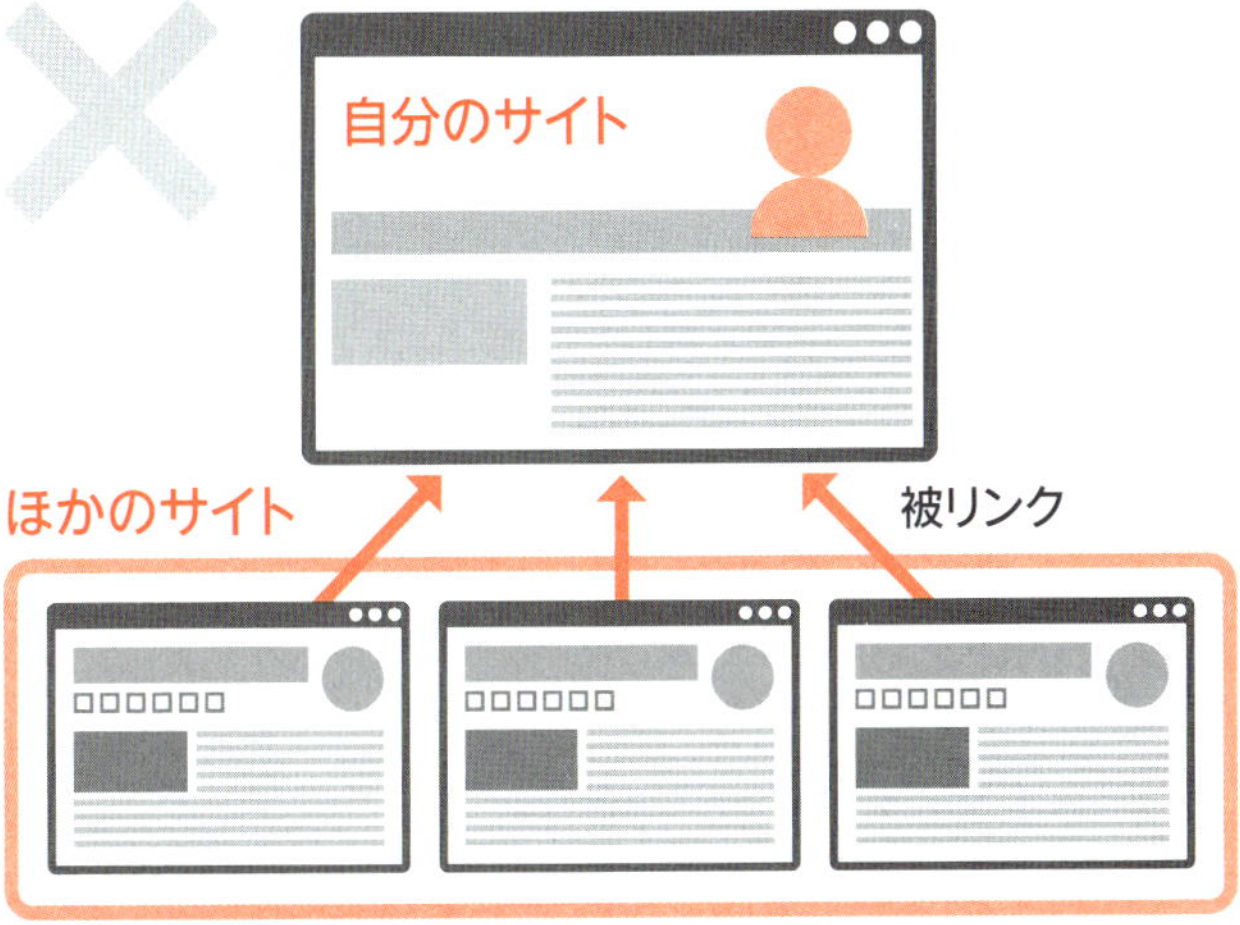

ワードサラダ　キーワードを埋め込むためだけに作成された意味不明の文章

誠実にコツコツと取り組む

現在のＳＥＯに求められることは、清く正しい**誠実さ**です。検索エンジンに対して嘘をついたり、騙したりするのではなく、誠実であることです。そしてなによりも**検索をしている人に対して誠実であること**が重要です。

テキトウに寄せ集めて作った粗悪な模造品と、使う人のことを想って、素材にこだわり、技術にこだわって作られた商品、どちらが使う人を幸せにできるでしょうか。清く正しくあること、大事なことは、ＳＥＯでも、あなたの商売でも同じです。

検索エンジンは日々進歩をしています。楽をしようとズルをして「小手先の手法」ばかりに手を出しても、検索エンジンからよい評価を得ることはありません。むしろ、なにも成果が出ない（上位表示されない）、または検索結果から削除されるなど、それまでの時間と労力とお金を無駄にするような痛手を負って反省することになります。

想像してみてください。Ｇｏｏｇｌｅには世界中からエリートが集まっています。私たちが彼らに戦いを挑んで勝てる（出し抜ける）でしょうか？　それは羽生善治さんに将棋を覚えたばかりの素人が戦いを挑むのと同じほど無謀な挑戦です。

Googleを欺くような無謀で危険なことに時間と労力をかけるのではなく、**誠実にコツコツと取り組んでいくことがSEOでの堅実な道**です。

成果を求めることは大事ですが、近道を行こうとして、道を踏み外して崖から転落するようなことがないように十分に気を付けてください。

SEOは誠実に

ズルや楽をしようとせずに
真面目にコツコツと取り組むことが
SEOの秘訣

SECTION 03

Google検索

必読

なぜGoogle検索なのか

インターネット検索には、GoogleだけでなくYahoo!やBingなどさまざまな検索サービスがあります。にもかかわらず、SEOの話になるとGoogle検索ばかりがとりあげられ、違和感を覚えるかもしれません。

なぜGoogle検索の話ばかりになるのか、その理由は2011年からYahoo!JAPANがGoogle検索エンジンの技術を導入しているからです。つまり**Yahoo!検索にはGoogle検索エンジンの仕組みが使われている**ので、Google検索エンジンを対象としたSEOに取り組めば、Yahoo!検索にも対応できるということです。

同じ検索エンジンの仕組みを使っているとはいえ、Google検索とYahoo!検索で、検索結果の表示内容に多少の違いがあります。それはYahoo!がGoogle検索エンジンに独自のフィルターを加えているためです。

Ｇｏｏｇｌｅ検索とＹａｈｏｏ！検索で大きく異なるのは、たとえば、Ｇｏｏｇｌｅ検索には「Ｇｏｏｇｌｅマップ」が表示されますが、Ｙａｈｏｏ！検索には「Ｇｏｏｇｌｅマップ」は表示されません。また、Ｙａｈｏｏ！検索では「Ｙａｈｏｏ！ショッピング」や「Ｙａｈｏｏ！ニュース」が画像付きで表示されますが、Ｇｏｏｇｌｅ検索では画像表示はありません。

このように、検索結果に付け加えられるものが違うだけで、土台となる仕組みはＧｏｏｇｌｅ検索ですので、まずはＧｏｏｇｌｅ検索を対象にＳＥＯを行っていきましょう。

日本の検索エンジンのシェア

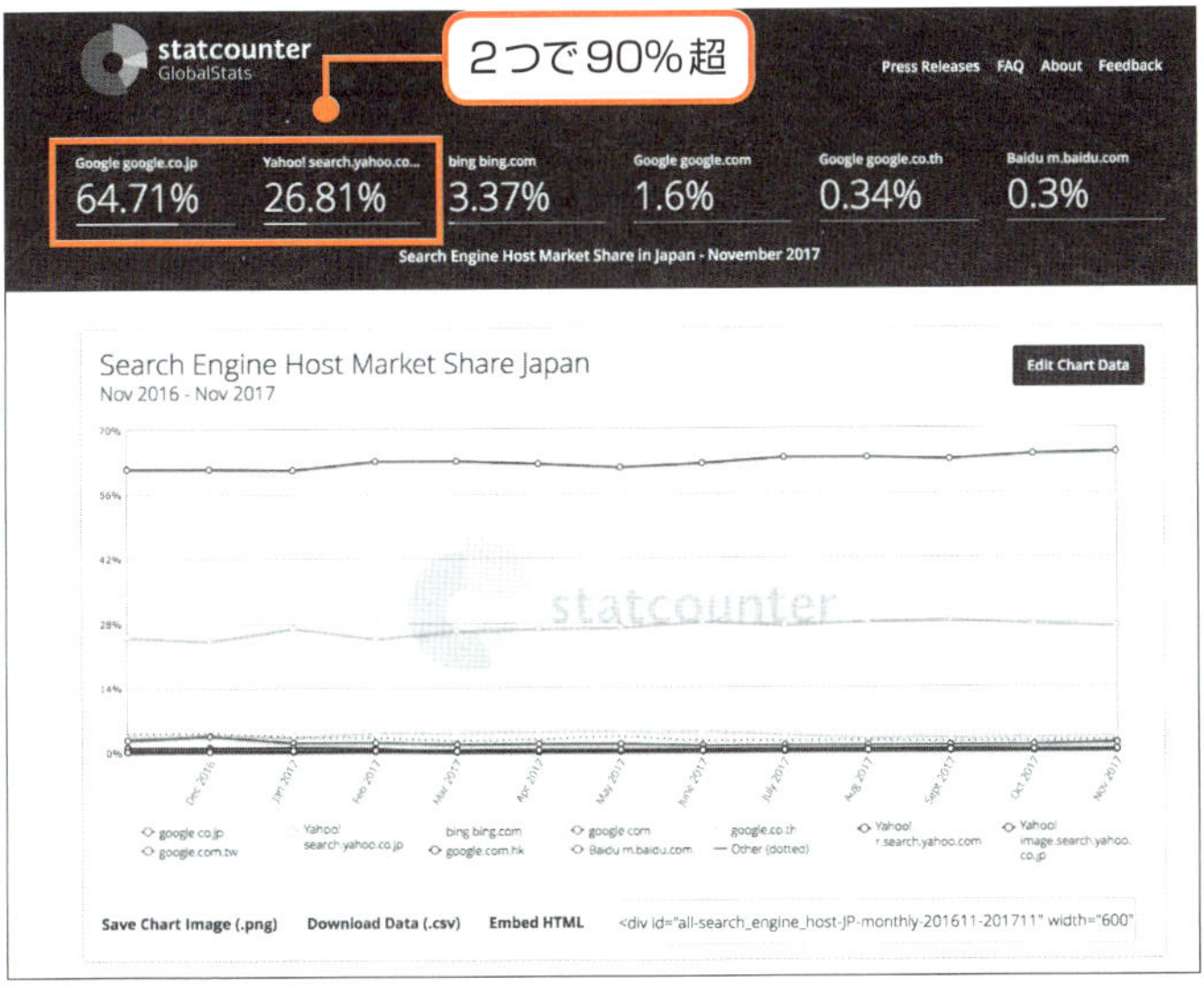

http://gs.statcounter.com/search-engine-host-market-share/all/japan

検索結果の表示画面を知る

検索結果の表示には、いくつか決まりごとがあります。たとえばGoogle検索結果には、1つのWebサイト（同一のURL）からは最大3つまでしかWebページが表示されません。表示されるWebページのタイトルも32文字を目安に、それ以降の文字は省略されます。また、検索結果で1つのページに表示されるWebページの数は10個まで、それ以降は次の検索結果ページ（2ページ目以降）に表示されます。

なお、検索結果のページには、オーガニックな（広告ではない）検索結果以外に、広告が表示される部分があります。広告表示スペースにWebページを表示するには、費用を支払う必要があります。SEOは広告の表示スペースではない、オーガニックな検索結果の部分において、より上部に表示されることを目標に取り組んでいきます。

ほかにも、**検索している内容や検索している人の過去の検索履歴、閲覧履歴、位置情報などによっても、検索結果が変わります。**たとえば東京駅周辺で「整体院」を探したときに、北海道や沖縄にある整体院のWebページが1ページ目に表示されることは、ほとんどありません。また過去に閲覧したことのあるWebページがある場合、そのWebページがより上位に表示されます。

検索結果画面

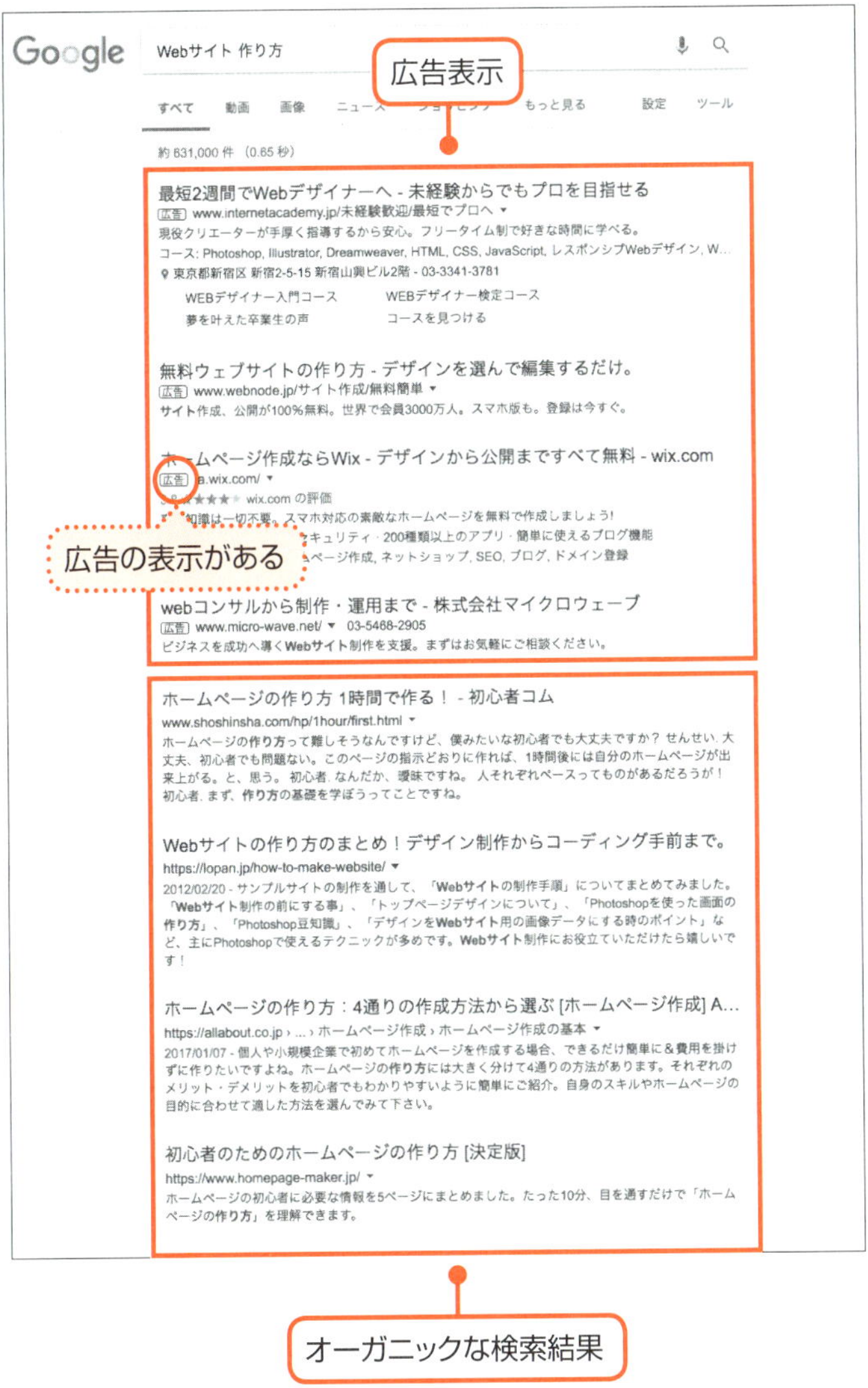
広告表示
Google
Webサイト 作り方
すべて 動画 画像 ニュース ショッピング もっと見る 設定 ツール
約 831,000 件 （0.65 秒）
最短2週間でWebデザイナーへ - 未経験からでもプロを目指せる
広告 www.internetacademy.jp/未経験歓迎/最短でプロへ
現役クリエーターが手厚く指導するから安心。フリータイム制で好きな時間に学べる。
コース: Photoshop, Illustrator, Dreamweaver, HTML, CSS, JavaScript, レスポンシブWebデザイン, W...
東京都新宿区 新宿2-5-15 新宿山興ビル2階 - 03-3341-3781
WEBデザイナー入門コース
WEBデザイナー検定コース
夢を叶えた卒業生の声
コースを見つける
無料ウェブサイトの作り方 - デザインを選んで編集するだけ。
広告 www.webnode.jp/サイト作成/無料簡単
サイト作成、公開が100%無料。世界で会員3000万人。スマホ版も。登録は今すぐ。
ホームページ作成ならWix - デザインから公開まですべて無料 - wix.com
広告 a.wix.com/
wix.com の評価
知識は一切不要。スマホ対応の素敵なホームページを無料で作成しましょう!
セキュリティ · 200種類以上のアプリ · 簡単に使えるブログ機能
ページ作成, ネットショップ, SEO, ブログ, ドメイン登録
広告の表示がある
webコンサルから制作・運用まで - 株式会社マイクロウェーブ
広告 www.micro-wave.net/ 03-5468-2905
ビジネスを成功へ導くWebサイト制作を支援。まずはお気軽にご相談ください。
ホームページの作り方 1時間で作る！ - 初心者コム
www.shoshinsha.com/hp/1hour/first.html
ホームページの作り方って難しそうなんですけど、僕みたいな初心者でも大丈夫ですか？ せんせい. 大丈夫、初心者でも問題ない。このページの指示どおりに作れば、1時間後には自分のホームページが出来上がる。と、思う。初心者. なんだか、曖昧ですね。人それぞれペースってものがあるだろうが！初心者. まず、作り方の基礎を学ぼうってことですね。
Webサイトの作り方のまとめ！デザイン制作からコーディング手前まで。
https://lopan.jp/how-to-make-website/
2012/02/20 - サンプルサイトの制作を通して、「Webサイトの制作手順」についてまとめてみました。「Webサイト制作の前にする事」、「トップページデザインについて」、「Photoshopを使った画面の作り方」、「Photoshop豆知識」、「デザインをWebサイト用の画像データにする時のポイント」など、主にPhotoshopで使えるテクニックが多めです。Webサイト制作にお役立ていただけたら嬉しいです！
ホームページの作り方：4通りの作成方法から選ぶ [ホームページ作成] A...
https://allabout.co.jp › ... › ホームページ作成 › ホームページ作成の基本
2017/01/07 - 個人や小規模企業で初めてホームページを作成する場合、できるだけ簡単に＆費用を掛けずに作りたいですよね。ホームページの作り方には大きく分けて4通りの方法があります。それぞれのメリット・デメリットを初心者でもわかりやすいように簡単にご紹介。自身のスキルやホームページの目的に合わせて適した方法を選んでみて下さい。
初心者のためのホームページの作り方 [決定版]
https://www.homepage-maker.jp/
ホームページの初心者に必要な情報を5ページにまとめました。たった10分、目を通すだけで「ホームページの作り方」を理解できます。
オーガニックな検索結果

SECTION 04

Google検索エンジンの仕組み

必読

Webサイトの情報を集める「クローラー」

Google検索の仕組み（検索エンジン）についてみていきましょう。まずインターネット上に公開されているWebサイトやWebページの情報を収集する、**クローラー**と呼ばれるプログラムがあります。

クローラーは「Googlebot（グーグル ボット）」とも呼ばれ、WebサイトやWebページを巡回して、そのWebページのテキストや画像などの情報を読み取ります。ただし、クローラーは、すべてのWebサイト、すべてのWebページを隅々まで巡回するわけではありません、また必ず、Webページの最初から最後までのすべてを読むわけでもありません。

そのためSEOでは、あなたのWebサイト内をしっかりとクローラーが巡回するように工夫を施す必要があります。クローラーは「リンク」を辿ることで、インターネット上に公開されたWebページを巡回していくため、クローラーの読み逃しがないようにWebサイト内の「リンク」を最適化して、クローラーを案内することも、そのひとつです。また HTMLを正しく使ってWebページを作ることで、クローラーに対して認識しやすくしておく必要もあります。

そして、クローラーにとってのWebサイトの巡回のしやすさをクローラビリティと呼びます。

クローラーが巡回しているイメージ

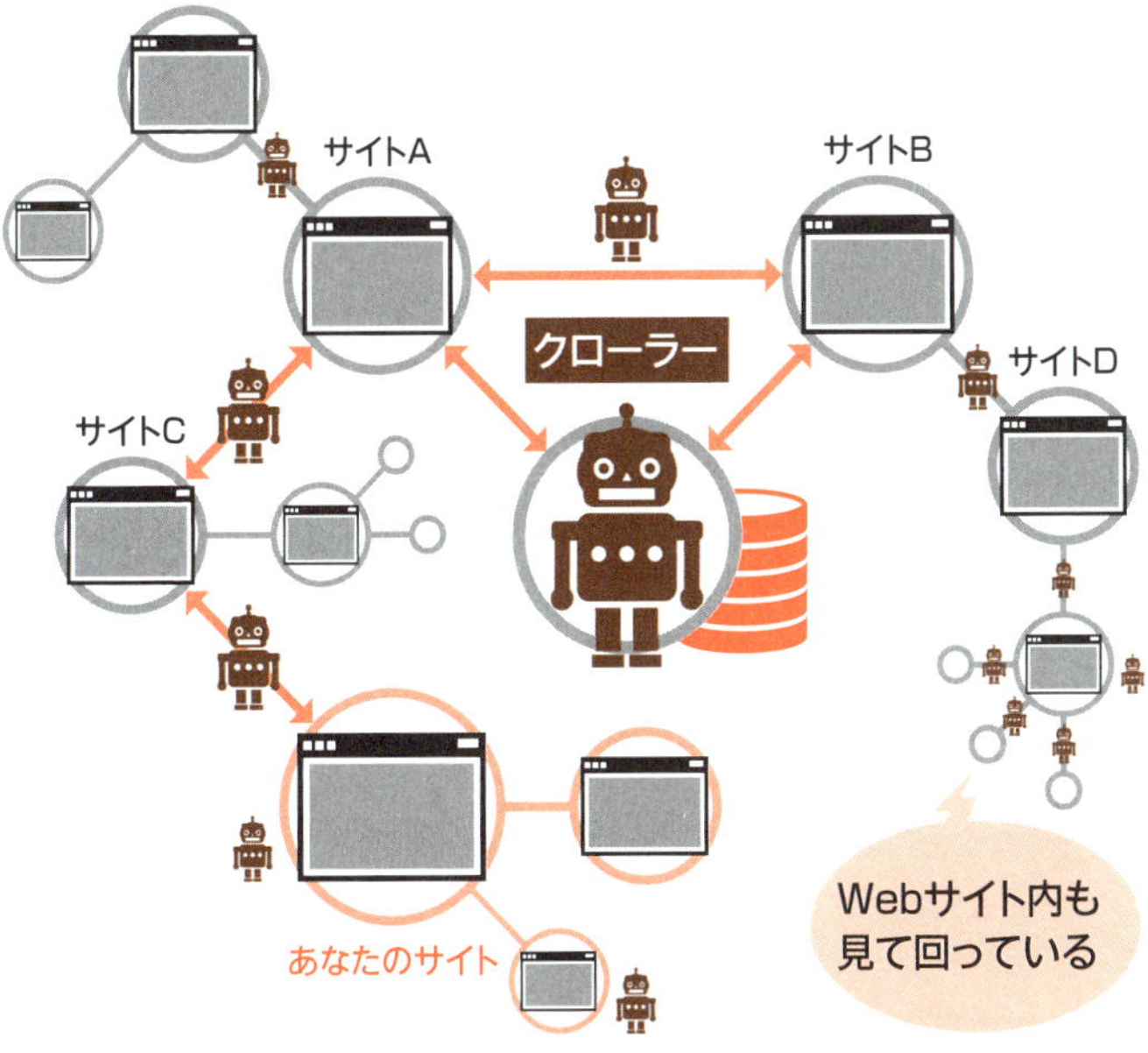

Webサイトの情報を保存する「インデックス」

クローラーが収集したデータは、検索エンジンのデータベースに保存されます。この保存されることを**インデックスされる**といいます。インデックスされるときには、Webページの情報をそのままコピーして保存するのではなく、検索エンジンが今後、扱いやすいように編集されて保存されます。

検索エンジンは**インデックスされた情報を元にして、検索結果を表示している**ので、Webページの情報がインデックスされているかどうかは非常に重要です。

あなたのWebサイトのWebページの情報が**インデックスされていなければ、検索結果にWebページが表示されない**ので、検索で見つかることもありません。

また、クローラーが読んだすべてのWebページをインデックスするわけではありません。そのためどれだけクローラーに巡回をされていたとしても、検索エンジンにインデックスされなければ、まったく意味がありません。

また、Webページの情報が間違って保存されてしまっていると、検索エンジンが正しい情報を扱えず、検索結果も正しく表示されません。Webページの情報が正しくインデックスされるように、クローラーに正しく情報を伝えることも重要です。

インデックス

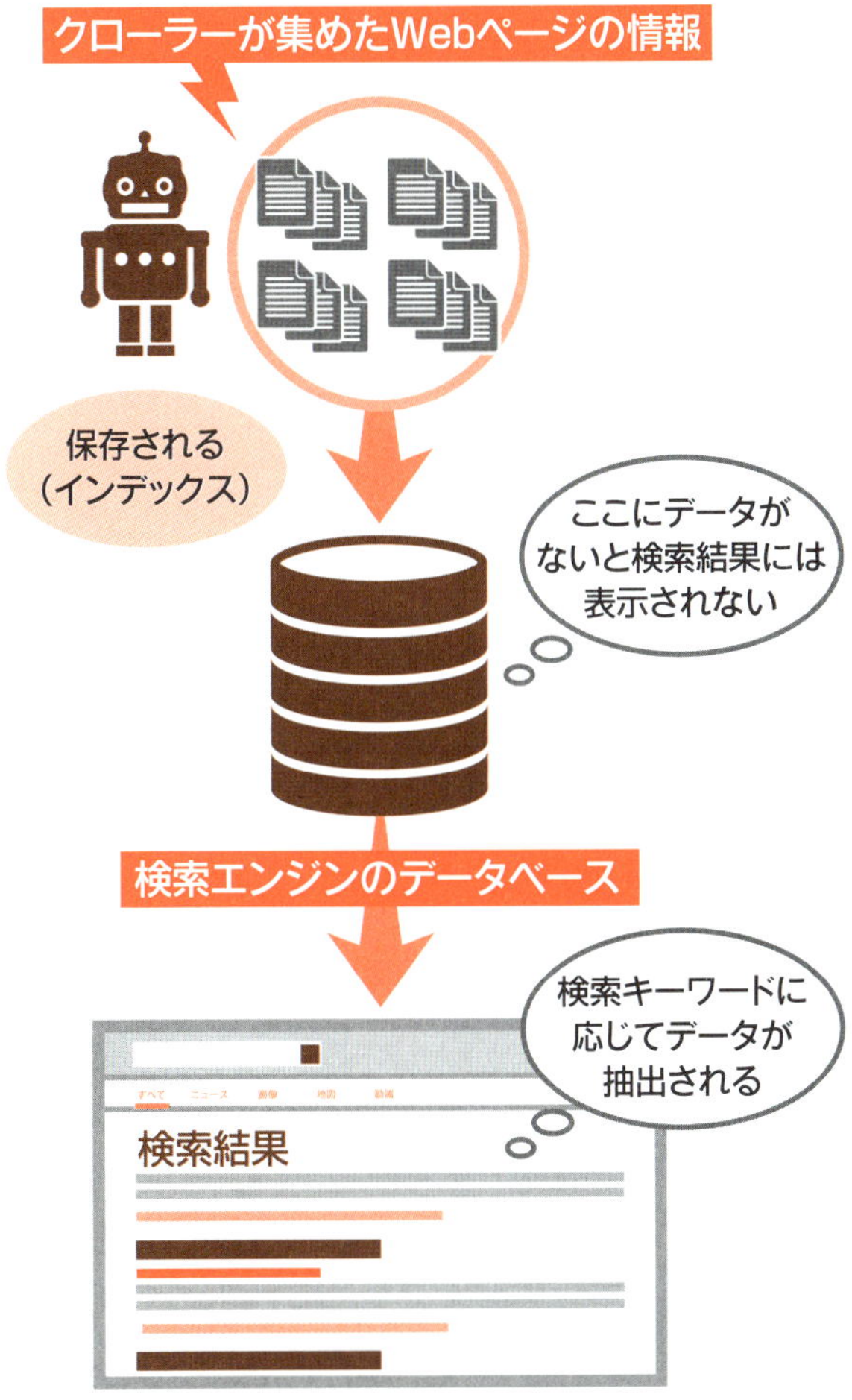
クローラーが集めたWebページの情報
保存される（インデックス）
ここにデータがないと検索結果には表示されない
検索エンジンのデータベース
検索キーワードに応じてデータが抽出される
検索結果

検索エンジンはデパートの「バイヤー」

検索エンジンを理解するには、デパートの「バイヤー」をイメージするとわかりやすいと思います。まずデパートを思い浮かべてください。デパートにはたくさんの商品が並んでいます。しかし、世の中に存在しているすべての商品、すべてのブランドが置かれているわけではありません。世の中に存在している商品の中から、バイヤーがお客様のことを考えながら仕入れたものだけが、そのデパートに並び、お客様の目に触れることになります。

検索エンジンも同じです。インターネット上に公開されているWebページを検索エンジンがバイヤーとして、**データーベースに仕入れたWebサイトやWebページだけが、検索した人の目に触れる**ことになります。

そして、デパートに来たお客様に求めている商品を提供して、そのデパートを利用してよかったと満足してもらえるかどうかが重要であるように、検索エンジンも検索している人が、**その検索サービスを使ってよかったと満足してもらえるかどうか**が重要です。

そのため、SEOでは検索エンジンに対して、Webページの情報を正しく伝えるだけでなく、検索エンジンが仕入れてよかったと思えるような、**検索をしている人が満足するWebサイト、Webページを用意する**必要があります。

よいものだけを検索結果に

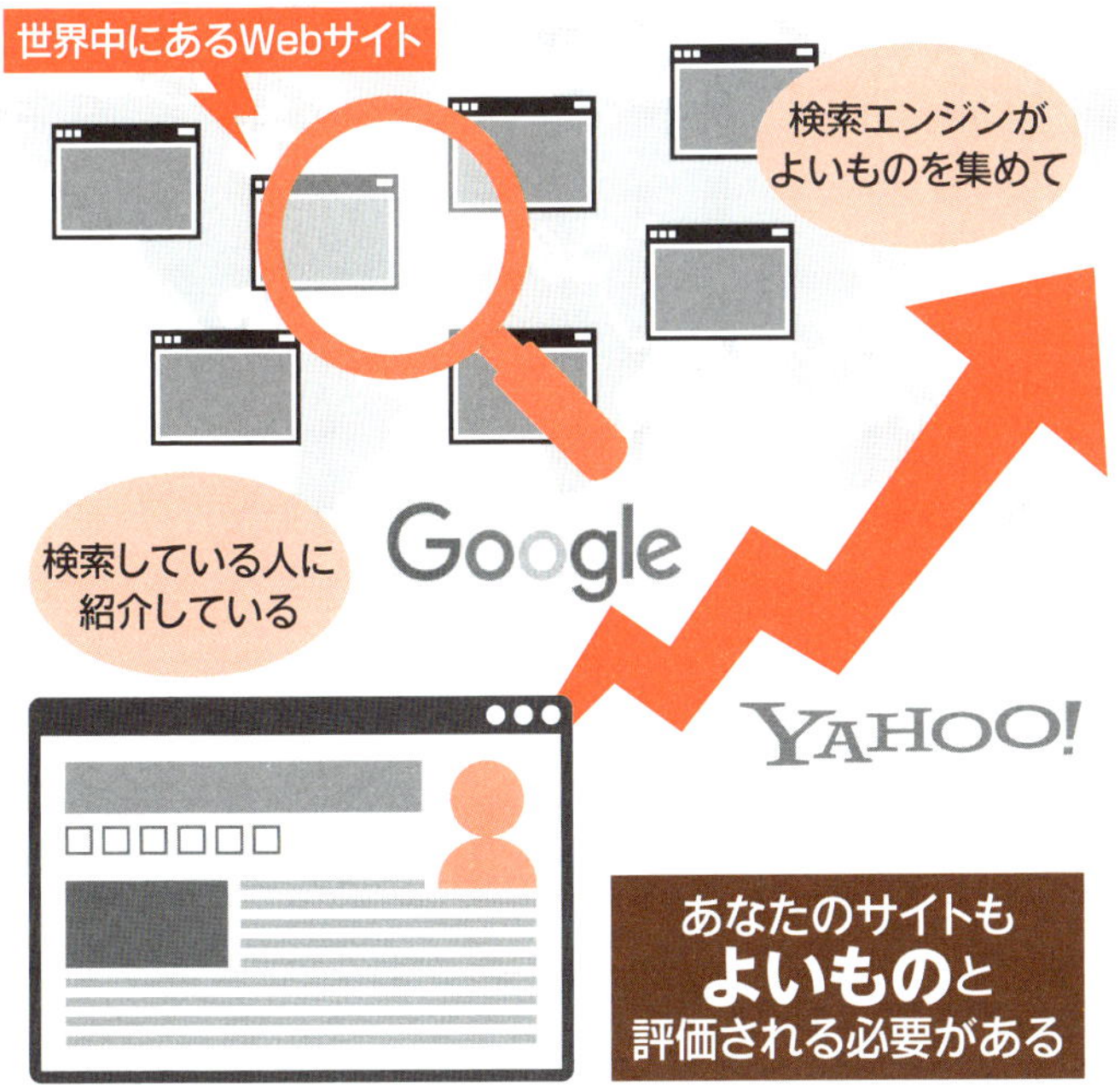
世界中にあるWebサイト
検索エンジンが
よいものを集めて
検索している人に
紹介している
あなたのサイトも
よいものと
評価される必要がある

SECTION 05

検索アルゴリズム

必読

検索結果で表示される位置が決まるランキングアルゴリズム

検索結果に表示されるＷｅｂページには掲載順位があります。１ページ目の最上位に表示されるのが1位です。

同じ１ページ目でも1位と10位に表示されるのでは、クリックされる割合が大きく異なります。そのため、上位に表示されればされるほど、Ｗｅｂページへの流入を増やすことができるため、ＳＥＯでは、より上位に表示されることを目標にします。

検索結果でＷｅｂページが何位に表示されるかは、**検索アルゴリズム（評価プログラム）によって、ランク付けがなされます**。

検索アルゴリズムでは２００～３００以上の評価項目を元にランク付けしているといわれていますが、その詳細は非公開のため、評価項目の詳細を把握することはできません。しかし、Ｇｏｏｇｌｅが公開しているＳＥＯに関するガイドラインなどから、なにが重要なのかを理解することは可能です。

また検索キーワード（検索に使われる言葉）に合わせてランク付けがされるため、同じWebページでも検索キーワードによって表示される順位が異なります。

さらにランキングは相対評価のため、あなたのWebサイトの評価が下がっていなくても、競合のWebサイトの評価が、あなたのWebサイトを上回れば、あなたのWebサイトの表示順位が下がることになります。

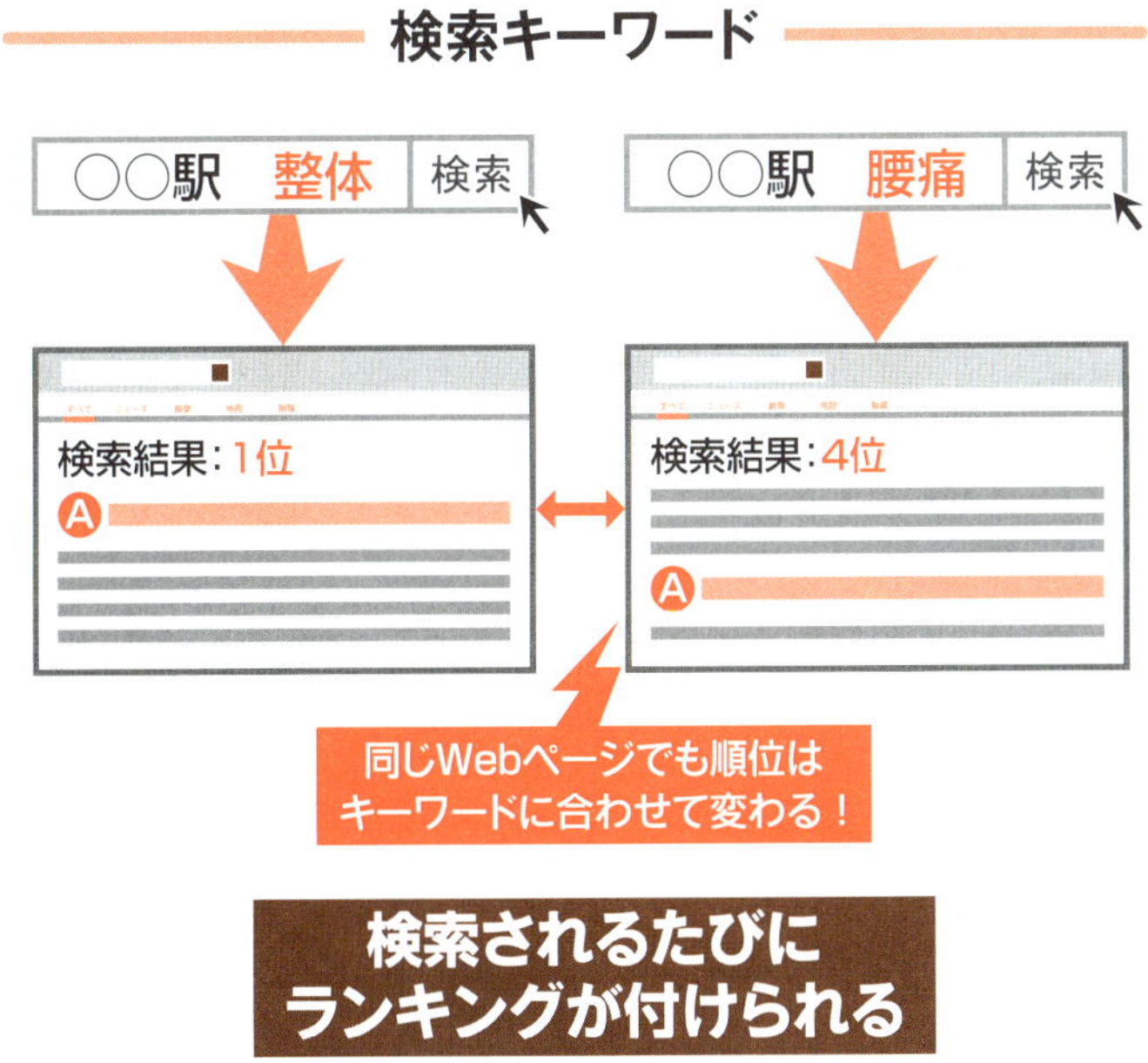

ペンギンアップデートとパンダアップデート

検索アルゴリズムは、よりよい検索体験を提供するために、頻繁にアップデート（改善）が行われています。 過去には「ペンギンアップデート」と「パンダアップデート」と呼ばれるアップデートがSEOに大きな影響を及ぼしました。

「ペンギンアップデート」は2012年に初めて実施されたアップデートです。このアップデートでは、スパム行為やガイドラインに違反をしているWebページやWebサイトに対して、検索結果での表示順位を下げるようになりました。特に、被リンクの購入や自作自演や相互リンクなどの**スパム行為に対するアップデート**です。

「パンダアップデート」は**低品質なWebページを検索結果で表示されないようにする**ためのアップデートで、ペンギンアップデートと同じ2012年に実施されました。このアップデートにより、検索している人にとって、情報が足りていない、参考にならない、役に立たないWebページは上位表示がされなくなりました。

アップデートは、現在も頻繁に行われています。2017年12月には医療や健康に関わるアップデートがあり、医療の専門家による、より信頼性が高く有益な情報が上位に表示されるようになりました。今後もアップデートはあると理解しておきましょう。

主なアップデート

パンダ アップデート

コンテンツの「品質」を重視するためのアップデート

ペンギン アップデート

リンクやスパム行為を排除するためのアップデート

ベニス アップデート

「検索している場所」に合わせた検索結果を
表示するためのアップデート

ハミングバード アップデート

検索キーワードの使われている背景と文脈を理解して、
より的確な検索結果を表示するためのアップデート

モバイルフレンドリー アップデート

スマートフォン向けに最適化されていない
Webサイトの評価を下げるためのアップデート

SUMMARY

- 検索アルゴリズムは頻繁にアップデートされる
- Googleはアップデートを通じて検索の利用者によりよい体験を提供する

SECTION 06

検索エンジンはビジネスパートナー

必読

Googleが望むことは

ＳＥＯに取り組んで行く際にＧｏｏｇｌｅの検索エンジンを欺く相手として考えるのではなく、お互いに協力し合うビジネスパートナーとして考えましょう。ビジネスパートナーのＧｏｏｇｌｅがなにを求め、なにを必要としているのかが重要なのです。

Ｇｏｏｇｌｅ検索の収益源は「広告」です。検索結果の一部に「広告スペース」を設置して、そのスペースを販売しています。この収益モデルは、Ｇｏｏｇｌｅ検索が、多くの人に利用されているからこそ成り立ちます。広告を出す側として考えると、利用している人が少ない、見ている人が少ないところに、わざわざ、お金を払って広告を掲載させても効果はありません。

つまり、Ｇｏｏｇｌｅ検索の利用者が減ると、広告ビジネスが成り立たなくなってしまいます。そのため、Ｇｏｏｇｌｅは「Google検索を使えば答えが見つかる」「Google検索は役に立つ」といった検索体験を利用者に提供することで、Ｇｏｏｇｌｅ検索への満足度を高め、より多くの人にGoogle検索を使ってもらえるように努力しているのです。

そのためGoogle検索としては、検索している人の満足度を高められる、Google検索への信頼を得られるような情報を提供してくれるWebページやWebサイトを求めているわけです。

信頼を得る

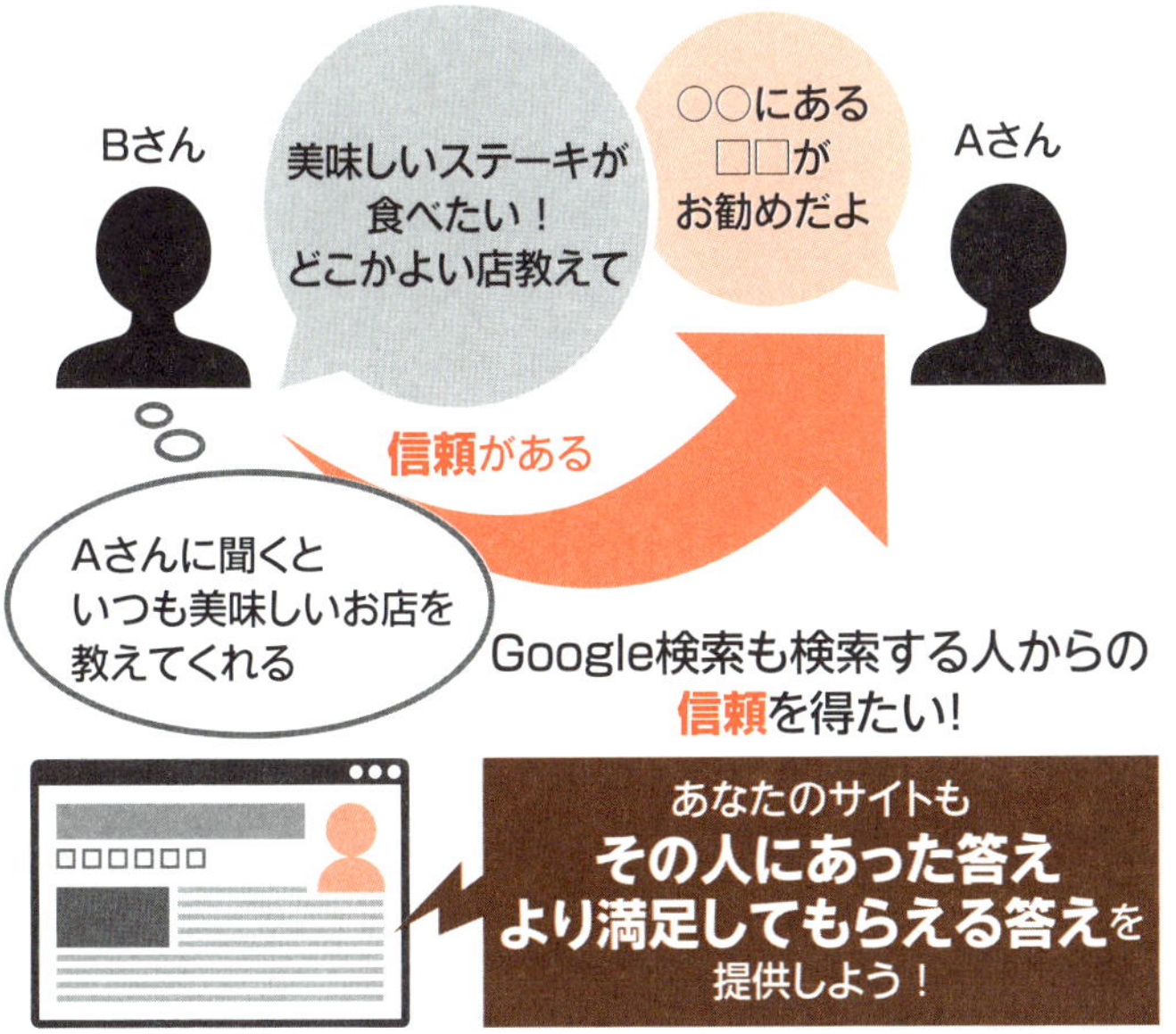
Bさん
美味しいステーキが食べたい！どこかよい店教えて
○○にある□□がお勧めだよ
Aさん
信頼がある
Aさんに聞くといつも美味しいお店を教えてくれる
Google検索も検索する人からの信頼を得たい!
あなたのサイトもその人にあった答えより満足してもらえる答えを提供しよう！

Ｗｅｂページの品質が問われる

Ｇｏｏｇｌｅ検索を使って検索をしている人は、なにか知りたいこと、見つけたいことがあって、検索をしています。検索している人に「Ｇｏｏｇｌｅ検索を使ってよかった」と満足をしてもらうためには、検索結果でその人のニーズを満たす「情報」を提示できるかどうかにかかっています。どれだけ情報が見つかっても、**検索している理由が解消されなければ、ニーズを満たせません**。

たとえば、カレーの作り方を知りたいと思っている人にとって、カレーに使われる具材や作る手順はわかったけれど、なにをどれだけ入れるのかの「分量」がわからないＷｅｂページでは不十分です。

また、カレーに使う具材や手順が書かれているけど、その内容がデタラメでは信頼を得るどころか失ってしまいます。ほかには、どれだけ情報量が十分であっても、わかりづらい、読みづらいＷｅｂページはニーズを満たすことはできません。

このように、Ｇｏｏｇｌｅ検索を使っている人に十分に満足してもらうためには、そのＷｅｂページ（またはコンテンツ）の**品質が良質であること**が重要なのです。

品質のよさとは

Google検索で
見つけたページ
なんの役にも立たなかった
検索結果
Google検索への
信頼がなくなる

品質のよさ

- 求めているものと合っている
- 情報が充実している
- 情報が正確である
- 読みやすい
- わかりやすい

あなたのWebページが
検索している人に
満足してもらえるか

検索エンジンに正しく情報を伝える

検索エンジン側がＷｅｂページの情報を正しく知っていなければ、検索している人に適切なＷｅｂページを表示することはできません。そして、間違った情報を元にして検索結果にＷｅｂページを表示してしまうと、検索をしている人に満足してもらうどころか、逆効果になってしまいます。

ＷｅｂサイトやＷｅｂページを公開している私たちとしても、正しく検索結果に表示してもらわなければ困ります。たとえばコーヒー豆を販売しているメーカーなのに、カフェとして検索結果に表示されるのは間違いです。このような間違いが起こらないように、適切な情報を検索エンジンに伝える必要があります。

Ｇｏｏｇｌｅ検索の、Ｗｅｂページの読解力は日々高まっているので、Ｗｅｂページに対して、そこまで大きく間違った理解をすることは減っています。とはいえ、Ｇｏｏｇｌｅ検索の読解力に頼るのではなく、**自分でできる対策はしっかりとやっておきましょう。**

たとえば、検索エンジンは写真（または画像）を認識するのが苦手で、なんの説明もないと、なんの写真なのか正しく認識することができません。そのため検索エンジンが、写真を正しく認識できるように、花の写真なら「これは花の写真ですよ」と、その写真の説明を記載（ａｌｔタグを使う）することが必要です。

このように**検索エンジンにＷｅｂページの情報を正しく伝えることはＳＥＯにおいて、とても大切なことです。**

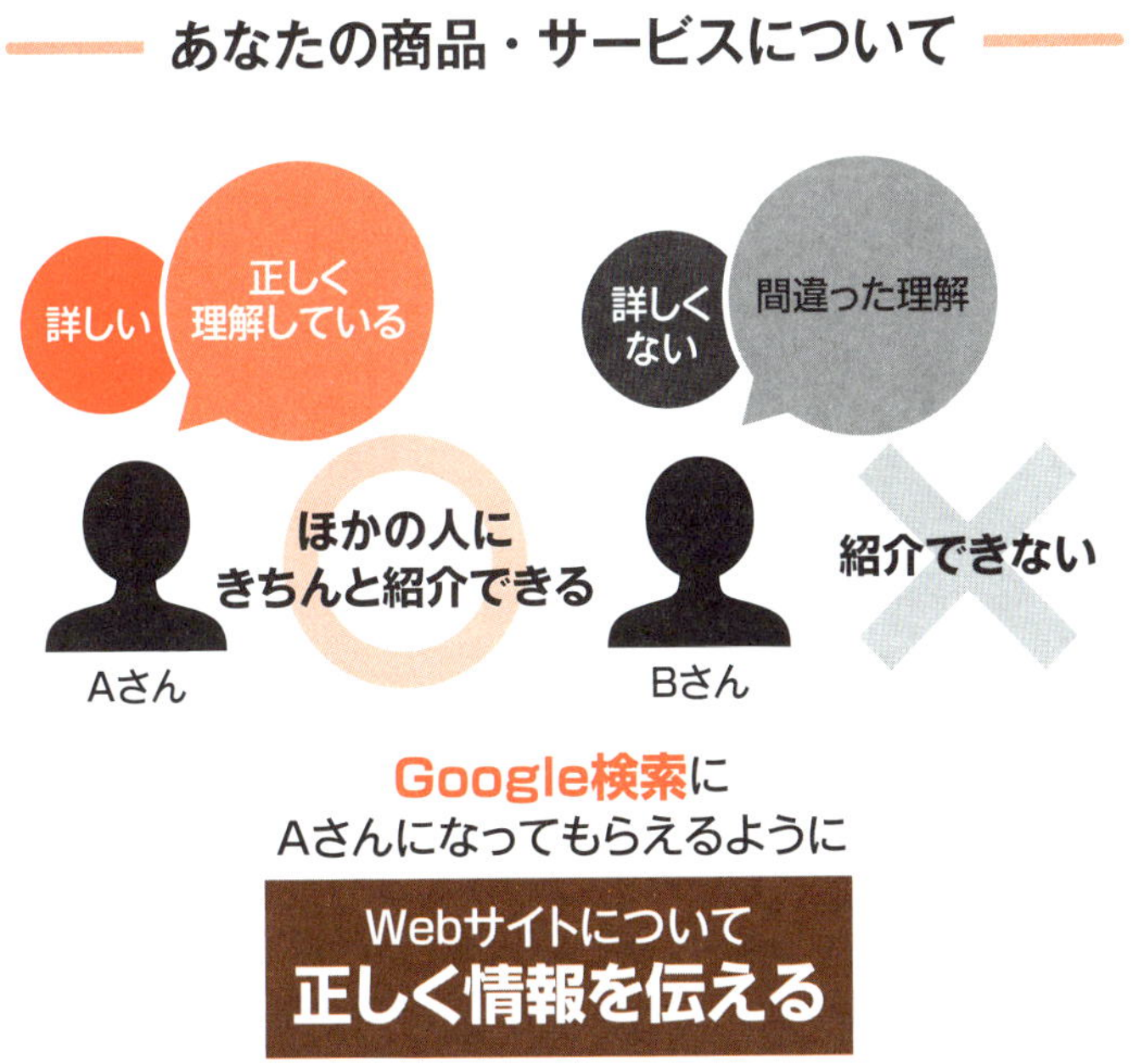

SECTION 07

Webサイトの品質とは

必読

誰にとっての品質なのか

SEOでは、**品質の高いWebページ（良質なコンテンツ）**が求められますが、Webページの品質が良質であるかどうかはどうやって判断したらよいのでしょうか。

その判断基準は、検索結果からあなたのWebページ（コンテンツ）を訪問した人が、閲覧したのち十分に満足できたかどうかです。**Webページを見た人にとって、有益だったのか、役に立ったのか、参考になったのか**どうかで品質が決まります。

検索をしている人が、あなたのWebページを見たときに「不満」と感じたとしたら、そのWebページは、その人にとって良質ではないということになります。

たとえばカレーを作ったことがない人にとっては、一般的なカレーの具材や作り方が書かれたWebページは参考になりますが、カレーを作り慣れた人にとっては、当たり前の情報で参考になりません。このようにSEOに取り組む際には、Webページを見る人は誰なのかを意識することはとても重要です。

誰のため

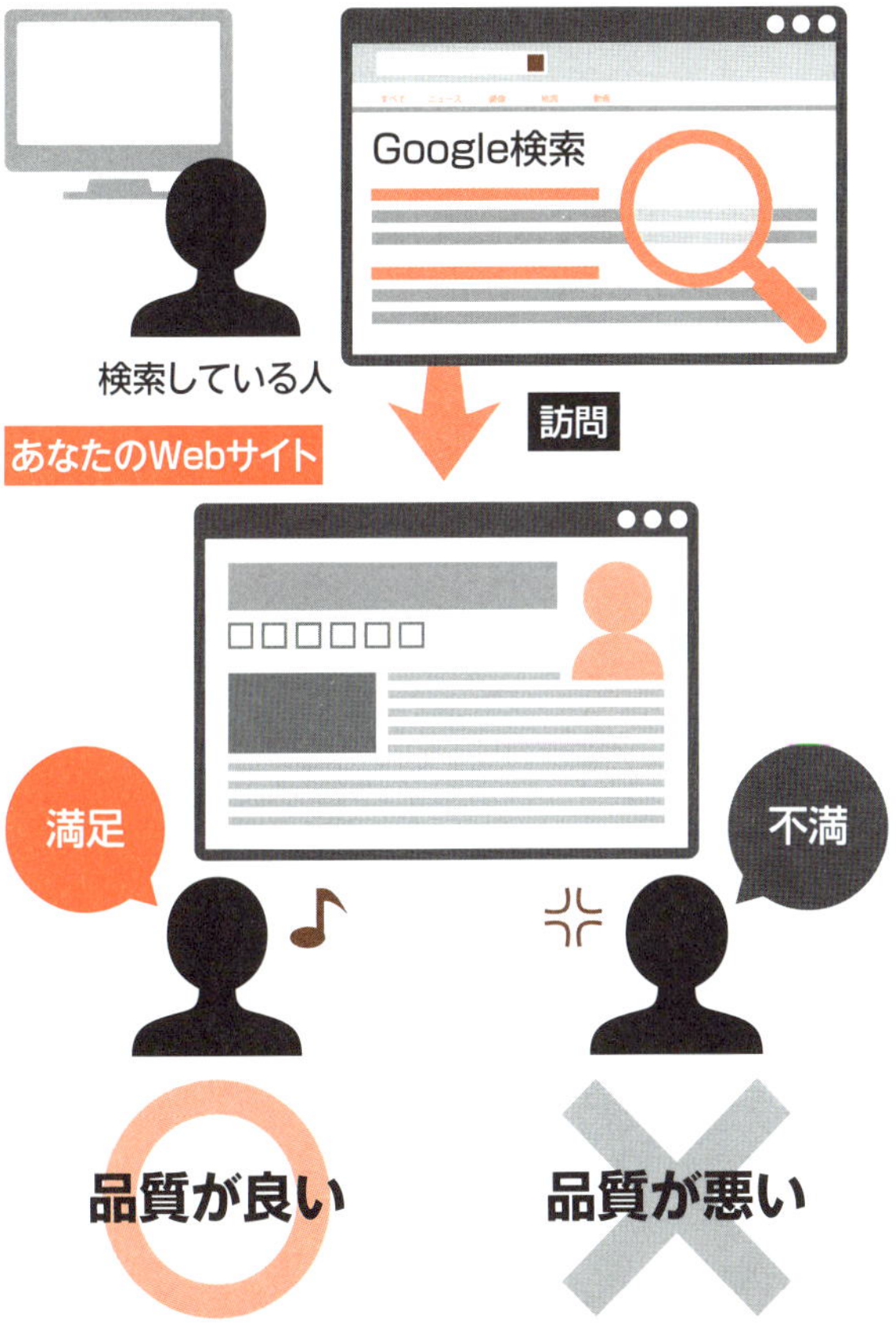

検索している人にとって
満足できるWebページだったかどうか?

Webページの内容（情報）が大事

Webページの品質において一番大事なことは、Webページの内容です。Webページで取り上げているテーマについて、書かれている情報が充実していることが求められます。たとえばレストランのワインリストのページで、ワイン名だけでなく、味や産地、料金、どんな料理に合うのかなどの情報が充実している場合とワイン名のみが載っているページでは、どちらがよいでしょうか。ワインに詳しく、ワイン名だけで十分な人にはワイン名だけ書かれていれば十分かもしれません。しかし、ワイン名だけではわからない人にとっては、ワイン名以外の情報も書かれていた方が満足度は高いでしょう。

また、それらの情報が正しいかどうかも重要です。ワイン名が間違っていた、産地や料金などの情報が間違っていたのでは、情報量が多くても役に立たない情報となり、そのWebページは低品質となってしまいます。

このように、あなたのWebページやWebサイトを訪問した人にとって、必要十分な情報があること、そして、その情報がわかりやすいこと、間違いがないことなどがSEOにおいても大事になります。

ワインに詳しくない人にとって

ワイン
ワイン名
ワイン名
ワイン名
ワイン名
ワイン名だけで十分？
どれを選べばよいのか
わからない

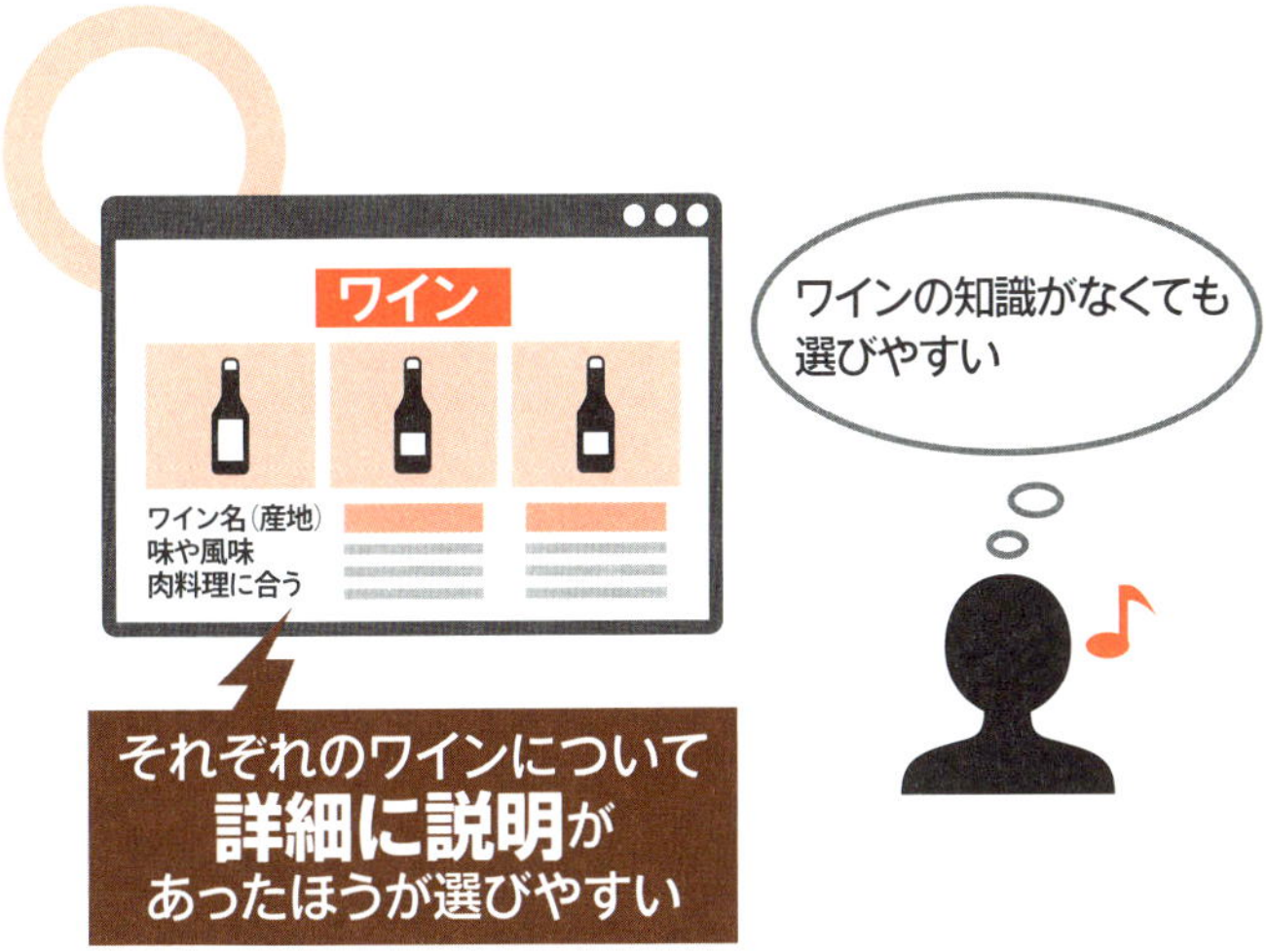
ワイン
ワイン名（産地）
味や風味
肉料理に合う
それぞれのワインについて
詳細に説明が
あったほうが選びやすい
ワインの知識がなくても
選びやすい

読みやすい・わかりやすいも品質のひとつ

Ｗｅｂページの品質は、内容以外にも「読みやすい」「わかりやすい」ことも大事です。たとえば、情報量としては充実していても、業界用語が使われていたり、回りくどい表現だったりして、読んでいる人がさっぱり理解できないようでは、良質とはいえません。

先ほどのワインリストの例であれば、日本人向けなのにすべてアルファベットで書かれていたり、詳しい人にしかわからない専門用語が使われていたりでは、読み手としてわかりづらいワインリストになってしまいます。そうではなく、ワインの味が素人にもイメージしやすい言葉で書かれていたり、ワインボトルの写真があったり、産地の解説が図解とともに書かれていれば、Ｗｅｂページの満足度はより高まるでしょう。

そして、改行がまったくない、文字が小さすぎる、黒色の背景に青文字で書かれているなど、読みづらいＷｅｂページでは、どれだけ情報が充実していても、満足度は低くなってしまいますので、良質とはなりません。

ほかにもWebページの読み込みが遅くて、いつまでも表示されず、すぐに読めないWebページでは、読もうとしている人の満足度は下がってしまいます。そのためWebページがいかに素早く表示されるかという**表示スピード**もWebページの品質を判断する項目のひとつです。

また、Webサイトが安全に利用できるかどうかも大事なポイントです。あなたのWebサイトを訪問したら、ウィルスに感染した、別のWebサイトに勝手に飛ばされたということがあってはいけません。安心して訪問できるWebサイトになるように、セキュリティの向上も心がけましょう。

このように、Webページの情報量や充実度だけでなく、読みやすい、わかりやすい（理解しやすい）といった読み手の体験についても配慮をする必要があります。

SUMMARY

- 検索している人が理解できるWebページを作る
- 内容が正しくても、充実していても、伝わらなければ意味はない

SECTION 08

ペナルティで表示順位が下がる

必読

SEOのペナルティとは

Ｇｏｏｇｌｅのガイドライン（ウェブマスター向けガイドライン）に違反しているＷｅｂページに対して、検索エンジンのインデックスからＷｅｂページの情報を削除する、検索結果での表示順位を下げるといった対処をペナルティと呼びます。

検索エンジンからインデックスが削除されてしまうと、検索結果にＷｅｂページが表示されなくなります（見つからなくなる）。そうなってしまうとインターネット検索でのチャンスを失うことになり、検索経由の集客には致命的です。

Ｇｏｏｇｌｅ検索のペナルティは手動で行われます。検索アルゴリズムのようにプログラムによって機械的に行われるのではなく、人間が判断をしているので、ペナルティを受けた場合、相当の違反をしたと判断できます。

ガイドライン違反ではなく、Ｗｅｂページの評価が下がる（手動によるものではない）こともあります。この場合はペナルティを受けたということにはなりません。

ペナルティの例

✕ SEOでルール違反となる行為

- □ 被リンクを自作する
- □ 被リンクを購入する
- □ 自動でWebページを量産する
- □ 他のWebページをコピペしただけ
- □ 文字を背景色と同色にして隠す
- □ 過剰にキーワードを詰め込む
- □ 意味不明な文章ばかり
- □ クローラーと人間とで見せる内容を変える

SUMMARY

- ペナルティとは人間が判断して下す、手動による対処
- Googleのガイドラインは守る
- ルールを守らないと、順位が下がったり、インデックスから削除されたりする

ズルや悪質な行為にはレッドカード

ペナルティはガイドラインに違反をしている、悪質な行為やスパム行為に対して行われます。たとえばＷｅｂページへの被リンクを増やすためにリンクを購入している、ほかのＷｅｂページをコピーしただけである（オリジナル性がない）など、検索エンジンを欺くようなズルをするとペナルティの対象となり、レッドカードになります。

ペナルティを受けたら、問題点を修正してＧｏｏｇｌｅに対して再審査リクエストを送り、審査をクリアすればペナルティの解除が可能です。しかしながら、ペナルティの解除には時間と労力がかかります。再審査も１回でクリアするとは限りません。

ペナルティを受けたら修正をして解除してもらえばよいだろうと甘く考えると、数ヶ月にわたってＷｅｂページが検索結果に表示されず、インターネット検索からの集客が途絶えてしまい、致命的な痛手を負うことになります。

また、問題点を修正できないと、いつまでも再審査リクエストを送ることができず、最悪の場合、Ｗｅｂサイトを放棄して、改めてイチから作り直さなければならないということも起こります。そんなことにならないように、ペナルティを受けるような行為は絶対にしてはいけません。

ルール違反をするとどうなるか?

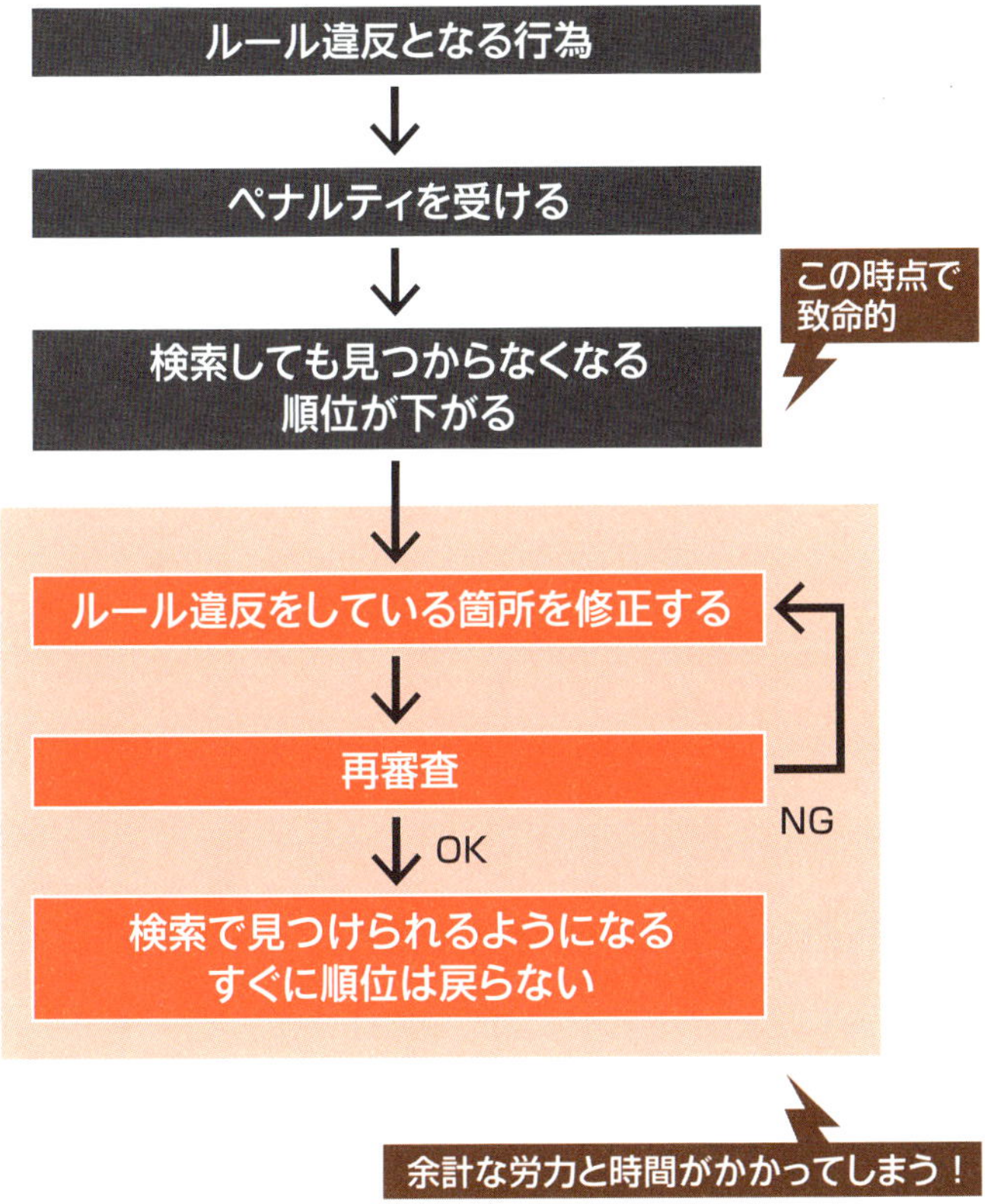
ルール違反となる行為
ペナルティを受ける
検索しても見つからなくなる
順位が下がる
この時点で
致命的
ルール違反をしている箇所を修正する
再審査
NG
OK
検索で見つけられるようになる
すぐに順位は戻らない
余計な労力と時間がかかってしまう!

減点方式ではなく加点方式

ＳＥＯで成果を出すには**加点方式**で考えることをお勧めします。ＷｅｂサイトやＷｅｂページを公開した段階では、点数はプラスでもマイナスでもない0点です。そこから、どれだけ検索エンジンから高評価を得ていくかと考えるのが加点方式です。

ＳＥＯを減点方式で考えてしまうと、検索エンジンから、いかに減点されないようにするかを考えるようになってしまいます。そのような後ろ向きなＳＥＯでは、マイナスになることはないかもしれませんが、プラスになることはありません。マイナスになることに目を向けるのではなく、**より高い評価を得られるように、プラスになることに目を向けて、ＳＥＯを考えていく**ようにしましょう。

また、検索結果のランキングは**相対評価**です。検索結果画面の1ページに表示されるＷｅｂページの数は決まっています。そのため、あなたの競合となるＷｅｂページが、より高い評価を得ると、それに応じて、あなたのＷｅｂページの評価が下がっていないのに、表示順位が下がってしまうこともあり得ます。これに対応するには、常によりよい状態を目指して高い評価を得られるように対策をしていくほかありません。

Ｇｏｏｇｌｅの検索アルゴリズムには数百のチェック項目があるといわれています。それらの詳細な内容はわかりませんが、できるだけ多くの項目で高評価を得られるように、Ｇｏｏｇｌｅ検索が求めていることを考えながら、やるべきこと、大事なことをひとつひとつ確実に行なっていくことがＳＥＯで成果を出していく堅実な道です。

加点方式

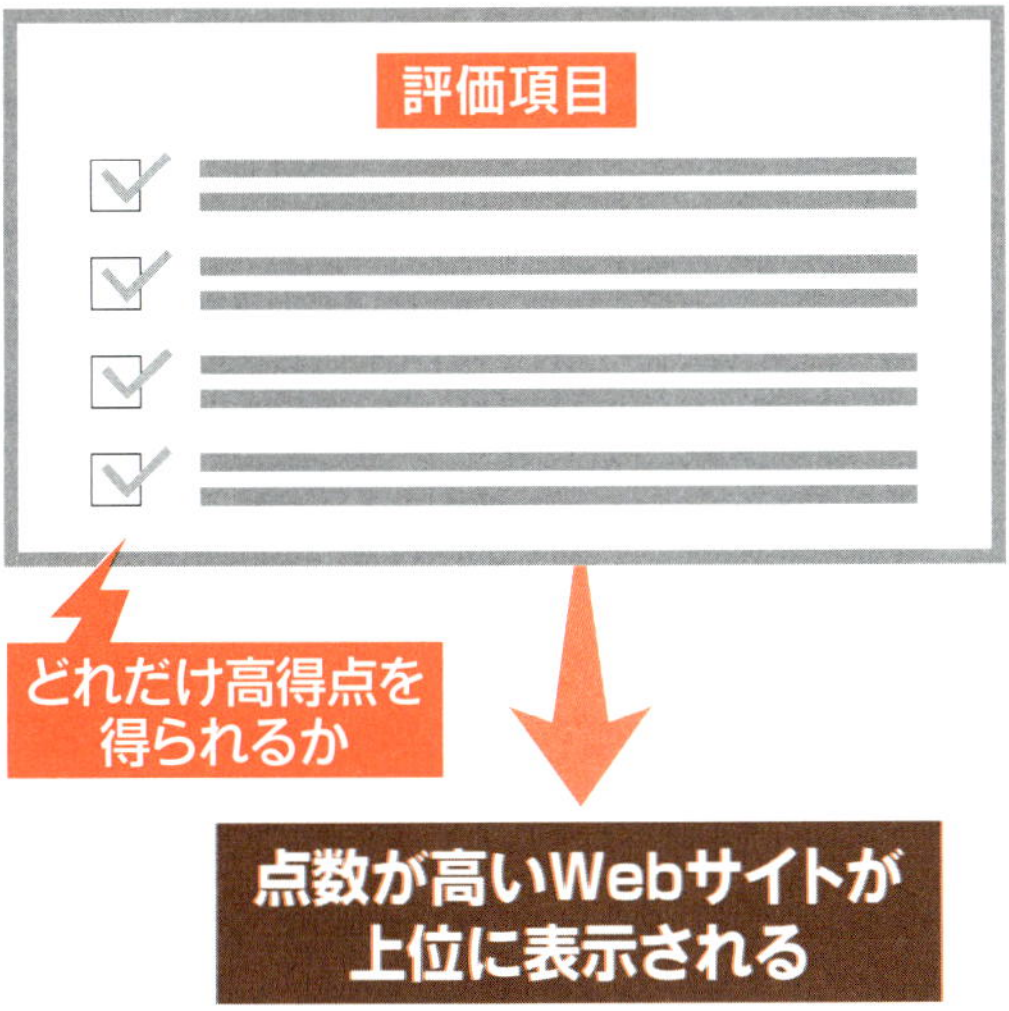
評価項目
どれだけ高得点を得られるか
点数が高いWebサイトが上位に表示される

SECTION 09

SEOは「おもてなし」

必読

検索している人に「おもてなし」

すでにお気付きかもしれませんが、SEOで大事なことは、検索をしている人をいかにもてなすことができるかです。

検索結果のページを見て訪問している人は、美味しいレストランを紹介しているガイドブックを見て、レストランに来ている人と同じです。紹介されているレストランの中から、よさそうなお店を選んで来店しています。そのレストランで美味しい食事だった、素晴らしい接客だったと幸せな体験をすることができれば、その店だけでなく、その店を紹介していたガイドブックに対してもよい印象を持つでしょう。ガイドブックとしても、評判のよいレストランを積極的に掲載したいと思うでしょう。

同じように、Ｇｏｏｇｌｅ検索を使った人が、検索結果に表示されたＷｅｂページを訪問して、そのコンテンツに満足して、幸せになってくれれば、検索エンジンはそのＷｅｂページを高評価することになります。

そして、満足してもらえるかどうかは、あなたのWebページやWebサイトが、検索をしている人に対して十分なおもてなしができているかにかかっています。

情報が豊富であることも、正しい情報であることも、わかりやすいことも、すべては検索をしている人に対する**おもてなし**なのです。検索経由でやってきた人が、ニーズを解消できず、また検索をやり直すようなことがないようにしましょう。

SEOは接客

Webページに訪問した人は満足できたか

検索エンジンから、あなたのWebページにやって来た人に満足してもらえるように徹底的に「おもてなし」をすることを意識してください。**SEOは接客そのもの**です。

あなたのWebページで、最高の体験ができるように創意工夫をしてください。情報量が足りていない、余分な情報が多すぎるなどで、訪問した人に不満足や消化不良を感じさせてはいけません。

丁寧な説明、わかりやすい説明、詳しく書かれた説明などを通じて、**あなたのWebページを訪れるときに抱えていた悩みや知りたいことが、100%解消される**Webページを作りましょう。

記載する情報が多ければよいというわけではありません。情報が多すぎることで、逆にストレスを感じさせてしまうこともあるので、十分に注意をしてください。

また、いつまでもWebページが表示されない、必要としている情報にたどり着けないなど、訪問している人を待たせたり、迷わせたりして、ストレスを与えるようなことがないようにしましょう。

あなたがWebページを通して、どれだけおもてなしができるか、手厚い接客ができているかが、SEOにおいて大きな影響を与えるということを理解してください。SEOの多くは「あなたにとってどうか」ではなく、**あなたの顧客にとってどうか**で判断をしましょう。

訪問者はどう感じるか

こんな経験ありませんか？
Webページを
見ていて
足りないと感じる
ストレスを
感じる
わかりづらい
あなたのWebサイトでは
ないように!

SUMMARY

- Webページでも満足度の高い接客
- 丁寧で、わかりやすく、十分な説明
- お客様を待たせないように！

Webページに来てくれる人を大切にする

最高の「おもてなし」をするためには、ＷｅｂページやＷｅｂサイトを訪問している人（または訪問する人）に適した対応を選択しないといけません。

そのため、適切なおもてなしをするためには、あなたのＷｅｂサイトにやって来たのか、**訪問してくれた人がどんな人なのかを意識**しましょう。なにを求めてあなたのＷｅｂサイトにやって来たのか、その人に、なにを提供すれば満足してもらえるのかを徹底的に考えましょう。

そして、訪問した人の「満足度」を高めるために、必要なことはすべて対処しましょう。Ｗｅｂサイトで丁寧に説明をする、十分に情報を提供すること以外にも、ＷｅｂページやＷｅｂサイトに、適切な人がやってくるようにすることも大事です。

肉は売っているけど、魚は売っていないのなら、魚を買いたいと思っている人が間違って訪問してしまわないように、ちゃんと情報を伝えましょう。

あなたのＷｅｂページやＷｅｂサイトの対象ではない人が間違って、訪問しないように工夫を施しましょう。訪問する人の時間が無駄にならないように配慮することも、とても大切なことです。

訪問してくれた人は誰なのか

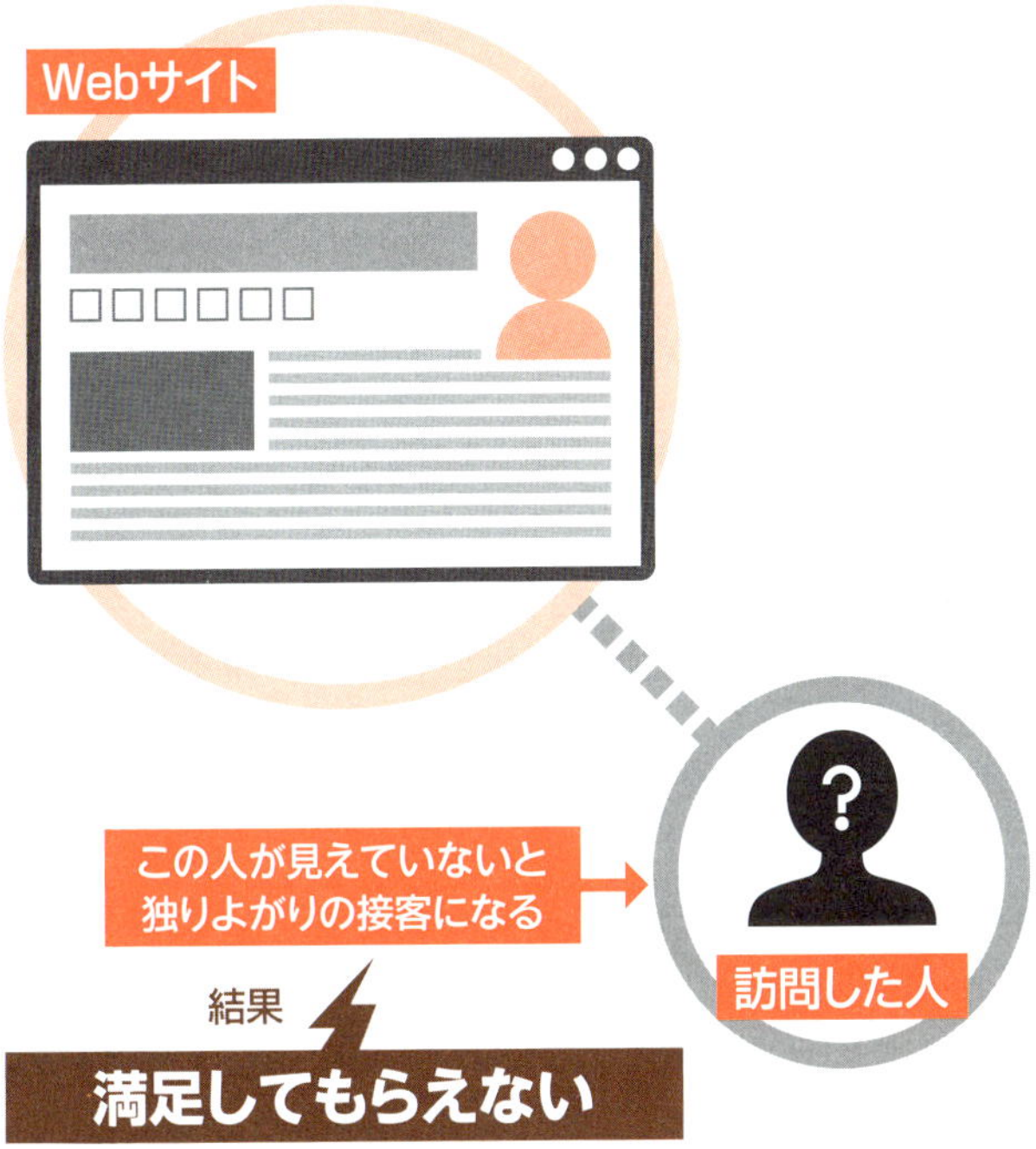
Webサイト
この人が見えていないと
独りよがりの接客になる
結果
満足してもらえない
訪問した人

SUMMARY

- 訪問者に最適なことは、なにかを徹底的に考える
- 対象でない人が誤って訪問しない工夫も重要

COLUMN

SNSのシェア数はSEOに影響するのか

「FacebookやTwitterのシェア数が多いとGoogle検索で上位表示する」という意見を耳にすることがありますが、Googleの中の人が「SNSでのシェア数は検索結果に影響しない」と公言していますので、SNSでのシェア数と上位表示には因果関係はありません。

たとえば、コンビニでアイスがいつもより多く売れた日に、市民プールの利用者が増えたとします。この時にコンビニでアイスがたくさん売れたから、市民プールの利用者も多くなったのでしょうか？　そうではありませんね。この２つの出来事が発生した理由は、暑かったからです。これと同じようにSNSでシェア数が多いことと、検索結果で上位表示したことの共通の理由は、「Webページ（コンテンツ）が良質だった」ということだけです。

ただし、間接的な影響はありえます。シェア数が多くなって、多くの人に見られた（露出が増えた）ことで、ほかのWebページよりも満足する人が多くなったり、ブログで紹介される数（被リンクの数）が多くなったりして、上位表示につながることはあるかもしれません。

2章

SEOで対策する言葉選び

SECTION 10

必読

あなたの顧客はどんな人

顧客像を考える

あなたのＷｅｂページやＷｅｂサイトを訪問する人は、どんな人ですか？　この質問に具体的に答えられなければ、検索をしている人やＷｅｂサイトに来てくれる人を満足させる「おもてなし」をすることはできません。最適な「おもてなし」をするためには、最初に具体的な人物を定めて、その定めた人に合わせてＷｅｂページやＷｅｂサイトを作る必要があります。

その際、顧客〝層〟ではなく、顧客〝像〟を考えることが重要です。たとえば「30代から40代の人」という〝層〟では、幅が広すぎます。30歳の人と49歳の人が考えることや取り巻く環境は同じでしょうか？　家庭、職場など多くの点で、30歳と49歳では違いがありますよね。

商品を説明するときに、30歳の人に伝わりやすい説明と49歳の人に伝わりやすい説明には、違いがあるはずです。あるいは、商品を初めて購入する人と、なんども商品を繰り返し購入している人では、同じ商品について話をするにも必要な情報、伝えるべき情報は違ってくるのは当然です。

顧客像は実在する顧客の人を決めて、その人に満足してもらえるWebサイトを作るのがベストです。実在する顧客像に定めるのが難しければ、顧客像を想像しましょう。ただし、現実とかけ離れた顧客像にならないように注意してください。

顧客像を定める

ターゲット像（ペルソナ）

名前：鈴木 瀬尾
性別：男性
年齢：33歳
職業：営業

趣味：釣り、読書
悩み：腰痛、首のこり、疲れが取れない

できるだけ具体的に、詳細に！

検索意図を考える

SEOでは、なぜ検索をしているのか? なにを知りたいのか?といった**検索意図(検索理由)**を考えることが重要です。あなたの顧客(または顧客になりうる人)が、商品やサービスに関して、なにを知りたくて検索をしているのかを考えてみましょう。

整体院であれば、家の近所にある整体院を探している、腰痛に悩んでいて、仕事帰りに治療できる整体院を探しているなど、さまざまな「検索意図」が考えられます。ほかには腰痛がひどいから仕事中にできるように、職場でできる解消方法を知りたい、肩こりをサッと治せるストレッチを知りたい、など整体院を探していなくても、整体院を利用する人と同じ興味関心を持って検索をしている人もいるはずです。

こういった「検索している意図(理由)」に対して、**その人が満足できる情報を提供することが、SEOにおける絶対条件**です。もちろん考えた検索意図が、妄想にならないように、具体的な人物像を決めて、その人に焦点を合わせて考えていくことが重要になります。ほかにも、実際にどんな言葉が検索に使われているのか、どれぐらい検索されているのかなどを調べたり、実際にインターネットで検索をしてみて、その検索結果に表示されるWebページをチェックしたりすることも必要です。

顧客像が知りたいこと

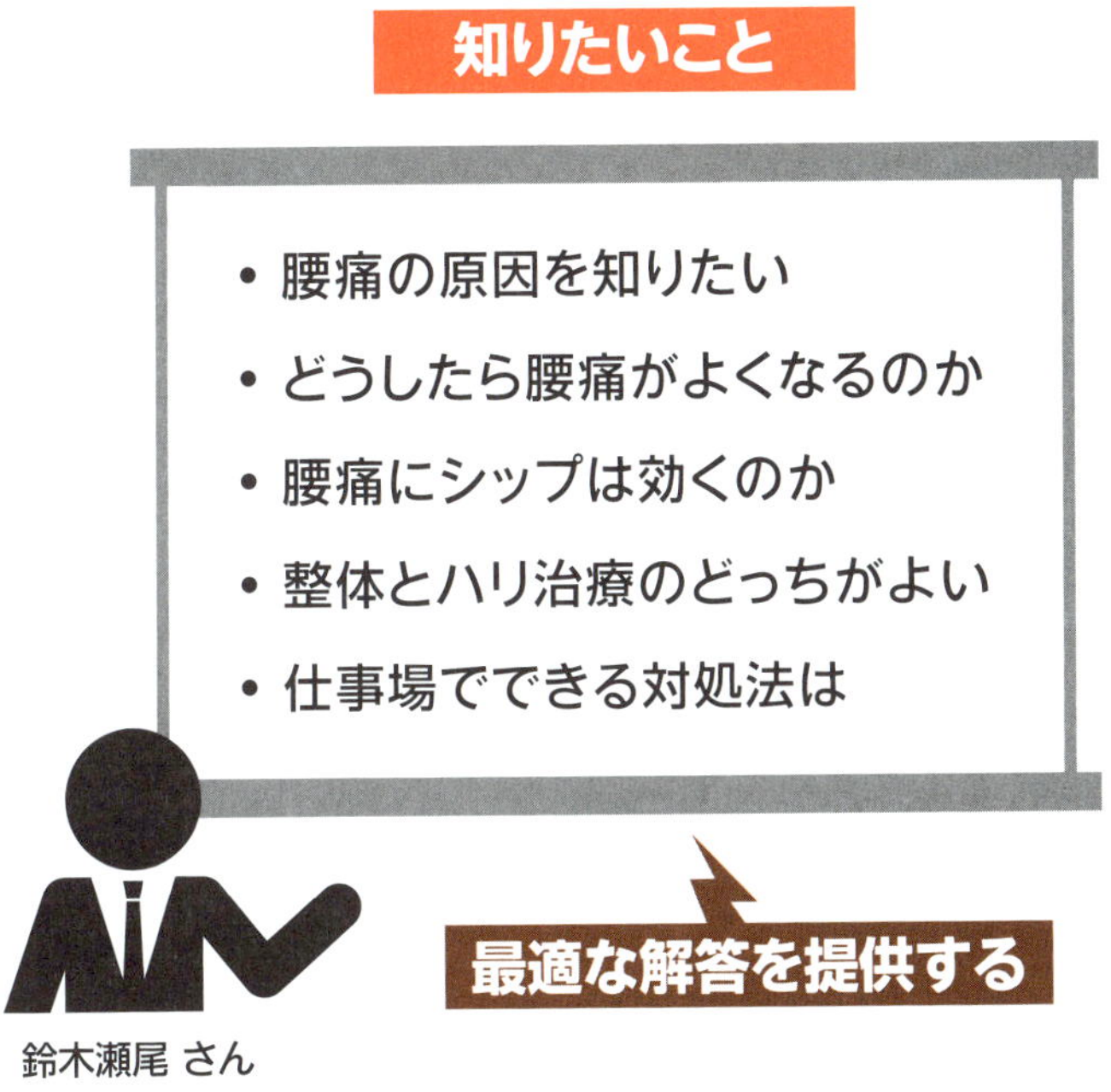
知りたいこと
• 腰痛の原因を知りたい
• どうしたら腰痛がよくなるのか
• 腰痛にシップは効くのか
• 整体とハリ治療のどっちがよい
• 仕事場でできる対処法は
最適な解答を提供する
鈴木瀬尾 さん

SUMMARY

- 検索している意図（理由）に対する情報を提供することが絶対条件
- 考えた検索意図が妄想にならないことも重要

あなたの顧客が使う言葉を選ぶ

どんな言葉で検索された際に、上位表示させたいのかを追求する**検索キーワード選び**が、SEOの成果を大きく左右します。

検索キーワード選びで、もっとも重要なことは**顧客が使う言葉を選ぶ**ということです。正式名称があったとしても、その言葉を顧客が日常的に使っていなければ、検索をするときにその正式名称を使うことはありません。

たとえば「ホッチキス」の正式名称をご存知でしょうか? ホッチキスは社名(E・H・HOTCHKISS社)で、商品名は「ステープラ」です。では、顧客がホッチキスを買いたい時に「ステープラ」という言葉を使って検索をするでしょうか? 普段から使っている「ホッチキス」という言葉を使いますよね。

つまり、ステープラで上位表示ができていても、ホッチキスで上位表示ができていなければ、多くのチャンスを逃してしまうことになります。そのため、SEOで上位表示を目指すなら「ステープラ」という正式名称にこだわるよりも、「ホッチキス」を検索キーワードとして選ぶことが正解になります。

また、顧客が使う正しい用語を選ぶことができたとしても、顧客はその言葉だけで検索するわけではありません。検索する際に組み合わされる言葉も慎重に選ぶ必要があるのです。

顧客像が検索に利用する言葉

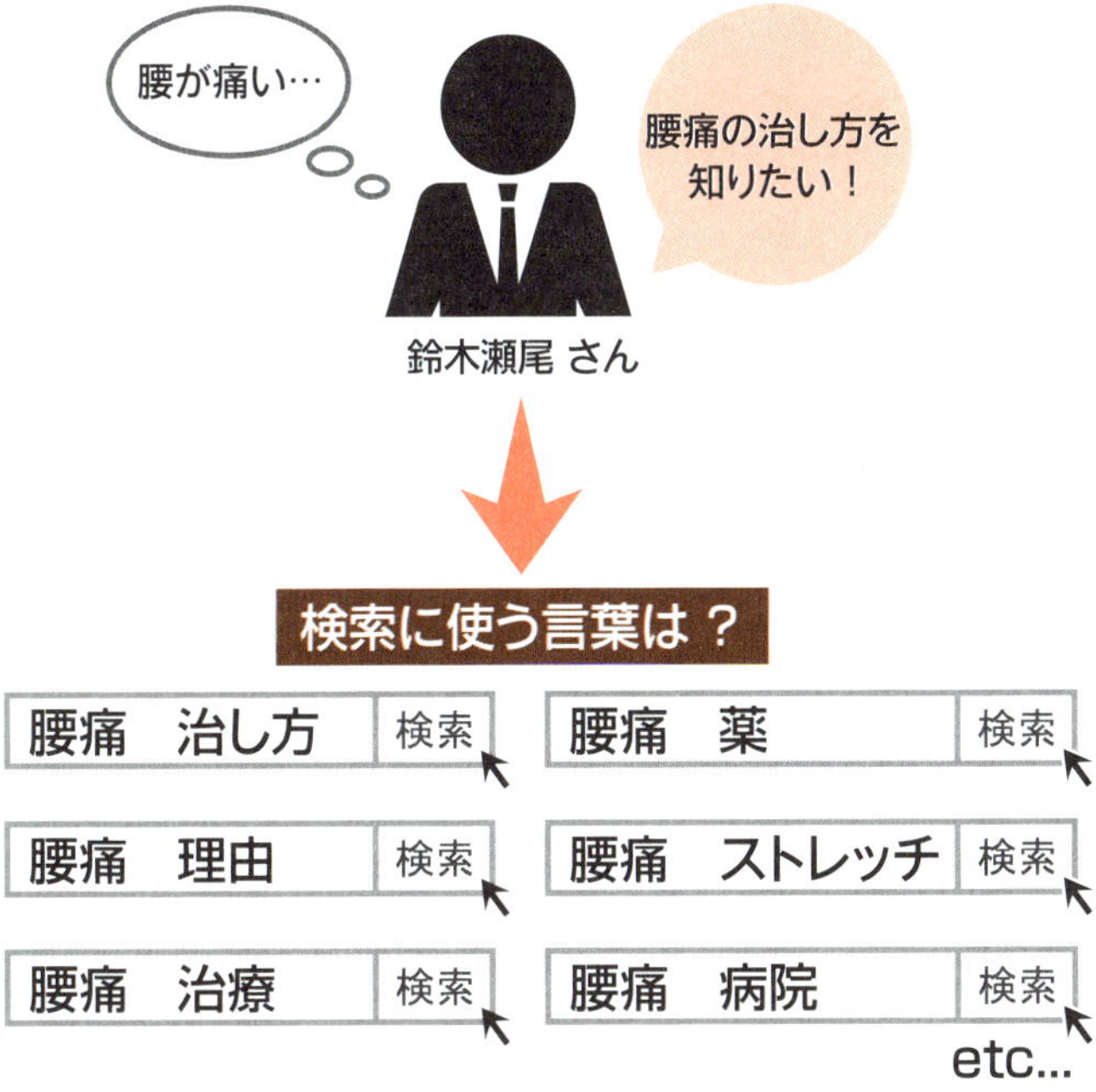

SECTION 11

売上につながるキーワードを選ぶ

必読

ビックキーワードとスモールキーワード

検索キーワード（検索クエリ）を大きく2つに分類すると、ビックキーワードとスモールキーワードに分かれます。

ビックキーワードとは、検索するときに使用される回数が多い（検索している人が多い）検索キーワードです。たとえば「東京」や「転職」「パソコン」などです。ビックキーワードで上位表示することができれば、検索に使っている人が多いので、Webサイトに、より多くの流入を期待することができます。

対して、スモールキーワードは検索で使用される回数の少ない（検索している人が少ない）検索キーワードです。多くは2つから3つの言葉の組み合わせで利用されるキーワードです。たとえば「飯田橋　整体　お勧め」などです。

ビックキーワードは検索される回数が多いので、多くの会社にとって魅力的なキーワードです。そのため、ビックキーワードを使った検索結果で、上位表示になるための競争はとても激しいのが実情です。

逆にスモールキーワードでの検索では多くのアクセスは見込めませんが、競争も激しくありません。そのため、スモールキーワードを使った検索結果での上位表示が狙いやすいといえます。加えて、**スモールキーワードは、調べていることが具体的であることが多く、検索意図がわかりやすい**といえます。

ビックキーワードとスモールキーワード

ビックキーワード

- 検索に使われている回数が多い
- 上位表示できれば、多くの流入が見込める
- 上位表示させるのが難しい
- 使っている理由に幅がある（複数の理由が想定できる）
- ビックキーワードから流入した人のすべてが顧客になるとは限らない

スモールキーワード

- 検索に使われている回数が少ない
- 上位表示ができても、流入は少ない
- 使っている理由が限定される（具体的である）
- 購入につながりやすい

ロングテール

SEOにはロングテールという考え方があります。これはビッグキーワードでの上位表示だけでなく、商品やサービスの購入につながる可能性の高いスモールキーワードでの上位表示を重視する考え方です。

スモールキーワードを使って幅広く対策することで、それぞれのキーワードで上位表示を狙います。その結果、ひとつひとつの検索キーワードからの流入は少なくても、全体では多くの顧客を集めることができます。

顧客になってくれるかわからない人が1ヶ月に1千人、Webサイトを訪問してくれるビッグキーワードよりも、1ヶ月に100人しかWebサイトを訪問してくれないが、**顧客になってもらえる可能性が高いスモールキーワード**(しかも上位表示しやすい)に注力した方が効率的です。合計1千人「集客」ならば、毎月1千人が訪れる1ページを作るよりも、毎月100人が訪れるページを10ページ作る方が、作りやすいですし、現実的な取り組み方です。

ビックキーワードばかりに目を向けるのではなく、ロングテールを意識したSEOに取り組むことで、SEOの成果が現われるまでの時間も短くなります。

ロングテール

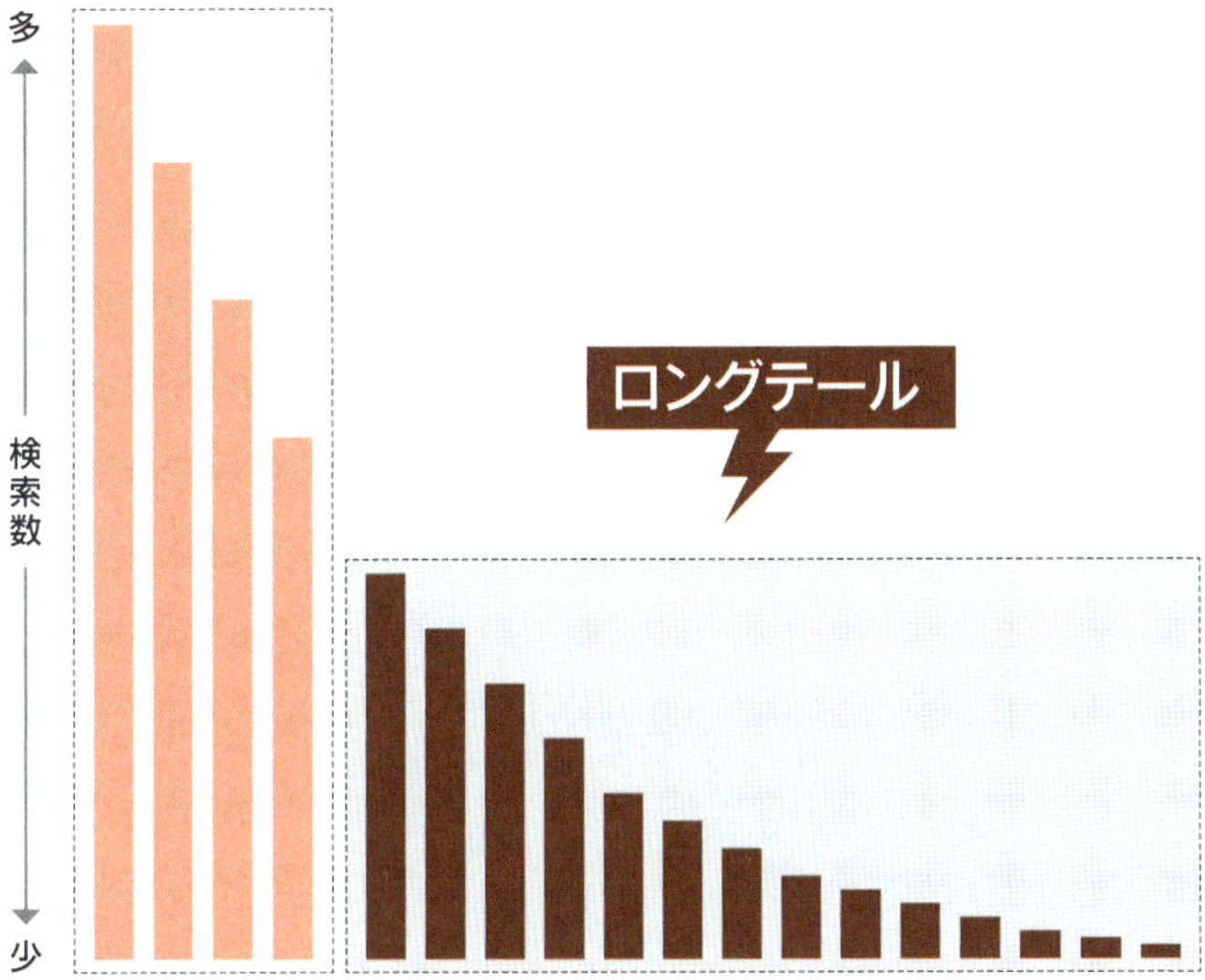

SUMMARY

- ロングテールはスモールキーワードでの上位表示を重視する考え方
- ロングテールは検索数は少ないが、購入につながりやすい

成果の鍵はスモールキーワード

ビックキーワードで上位表示が実現できれば、多くの人が、あなたのＷｅｂページを訪問してくれるでしょう。

しかし、ビックキーワードには「検索意図」に幅があります。たとえば「整体」で検索している人は、整体がどんなものなのかを知りたい人もいれば、整体院を探している人かもしれません。また、整体師になりたいと思っている人かもしれません。

このように**多くの人が使っている言葉は、それだけ検索に使っている理由も多い**のです。整体院のＷｅｂサイトであれば、整体師の資格を得たいから学校を探している人ではなく、整体を受けたい人に来てもらったほうがよいわけです。

つまり、ビックキーワードで訪問した人には、あなたの顧客像に当てはまらない人が多く含まれます。どれだけ多くの人に訪問されても、その人たちが顧客にならない人たちでは、意味がありませんよね。

そこで重要になるのがスモールキーワードです。スモールキーワードの検索結果から訪問した人は、顧客である可能性が高くなります。なぜなら、スモールキーワードは、「○

○駅近くの整体院」や「整体師　資格　学校」のように、検索意図が具体的で明確です。スモールキーワードを使って上位表示することで、効率よくWebサイトに訪問してもらいたい人にだけ来てもらうことができます。

ただしスモールキーワードならなんでもよいわけではありません。あなたの商品やサービスの購入につながる検索キーワードでなければ、意味がありません。検索キーワードを選ぶ際には、顧客の訪問につながる言葉を選ぶことを常に意識するようにしましょう。

SUMMARY

- 購入につながる検索キーワードで上位表示を狙う
- お客様になる可能性が高い人を呼び込む
- 検索理由が明確なスモールキーワードが鍵

SECTION 12

上位表示を目指すキーワード選び

必読

まずは思い付く限り書き出す

あなたのWebページやWebサイトが、どの検索キーワードで検索されたときに表示されたいのかを考えましょう。まずは、顧客が知りたいことや検索する行動を想像しながら、**あなたの商品やサービスに関連するキーワードを思い付く限り、書き出してみましょう**。とにかくたくさんの検索キーワードを書き出して、検索キーワードの候補を洗い出しましょう。どのくらい検索に使われているのか、商品やサービスの購入につながるのかなどは気にせず、「もうほかに思い浮かぶキーワードはない！」となるまで出し切ってください。このときに、顧客像が決まっていると、その人のことだけに集中して考えることができるので、キーワードも出しやすくなります。

また、書き出す際にキーワードの一覧表をエクセルなどで作成しておくと、あとで、それぞれのキーワードの検索ボリューム（検索に使われている数）や重要度などを書き加えることができ、検索キーワードを厳選するのに便利です。

検索キーワードを挙げる

○○駅	地名	ストレッチ
効果	整体	マッサージ
デスクワーク	指圧	オフィスワーク
リラックス	はり治療	治療
ほぐす	鍼灸	施術
保健	腰痛	料金
原因	肩こり	姿勢
理由	首のこり	お灸
対処法	四十肩	五十肩
整体院	治し方	ストレートネック
病院	薬	

- キーワードの一覧表

キーワード	月間平均 探索ボリューム	推奨 入札価格	競合性
マッサージ	301,000	127	低
頭痛	135,000	68	低
腰痛	90,500	155	中
肩こり	74,000	101	低
ストレートネック	60,500	177	低
首こり	49,500	53	中
鍼灸	22,200	83	中
指圧	2,900	247	低
鍼治療	4,400	180	低

※推奨入札価格とは広告を出すときの目安となる単価

キーワードを組み合わせる

検索キーワードを書き出す際、書き出した**単語が組み合わされて検索に利用されることを想定**しておきましょう(例:東京駅　腰痛　整体)。そのため、検索意図と商品やサービスをつなぐ検索キーワードの組み合わせを見つけ出すことが重要になります。

検索キーワード「整体」だけでは、検索意図はつかみづらいのですが、複数の単語が使われて「東京駅　腰痛　整体」となれば、「腰痛に困っている人が、東京駅の近くで整体院を探している」ということが推測できます。このように、顧客が利用する検索キーワードは、1つの単語ではなく、**複数の単語から形成されていることが多い**ので、検索キーワードを選ぶときにも、単語1つを選ぶだけではなく、単語を組み合わせた検索キーワードも考えてください。

検索キーワードの候補から組み合わせて使われそうな言葉はないかを考えてみてください。また、Google検索で**書き出した検索キーワードを使って検索をしてみましょう**。Google検索では、**サジェスト機能**があり、検索窓にキーワードを記入すると、そのキーワードに関連した、検索キーワードが表示されます。また、検索結果画面の下には**関連キーワード**も表示されるので、これも参考になります。

サジェスト機能

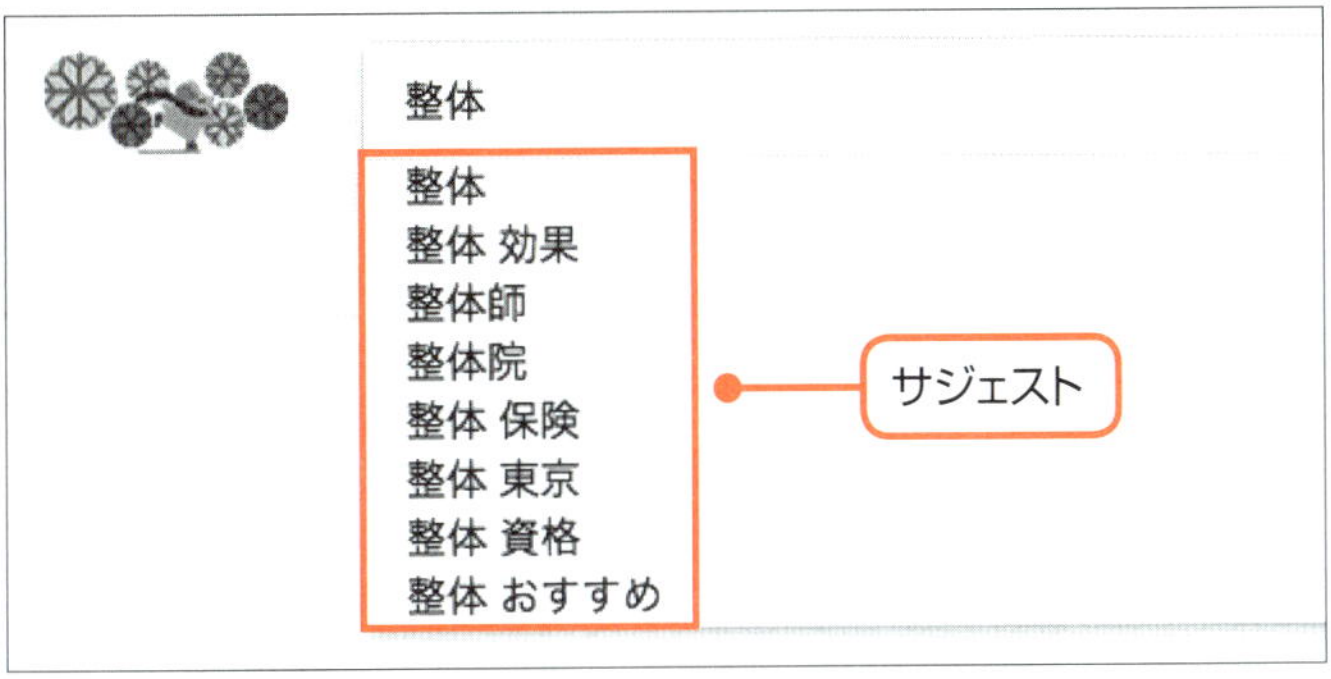

関連キーワードの表示

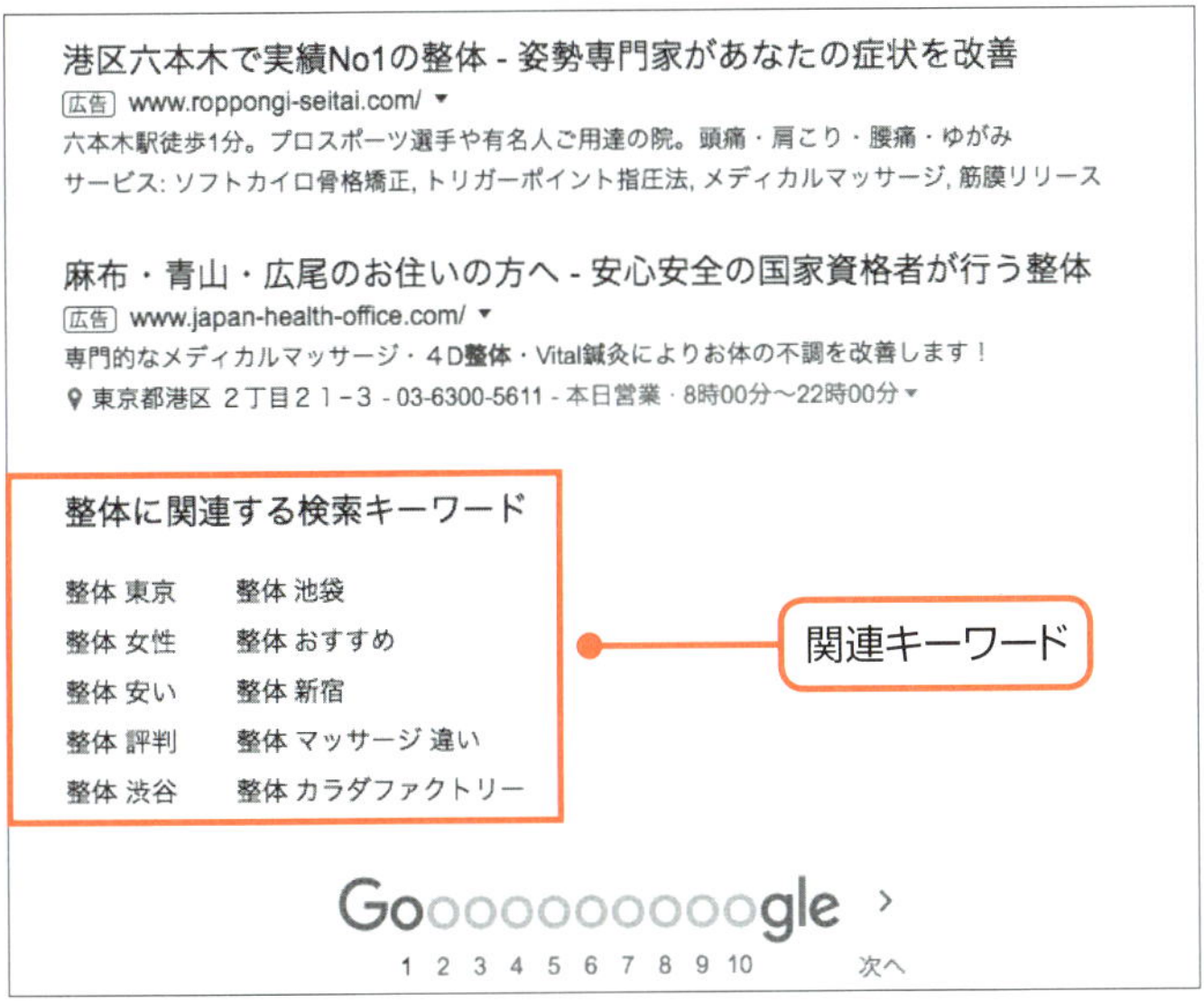

欲張らずに絞り込む

検索キーワードを書き出したら、どの検索キーワードに対してSEOを取り組んでいくかを決めましょう。

書き出した検索キーワードのすべてで上位表示をしたいと思うかもしれませんが、二兎を追う者は一兎をも得ずということわざもあります。欲張らずに、**本当に大事な検索キーワードに絞り込みましょう**。絞り込めば絞り込むほど、WebページやWebサイトのテーマも絞り込まれて、SEOも取り組みやすくなります。

たとえば「女性専門の整体院」と誰でも受け入れる「一般的な整体院」とで比べてみても、女性専門と「女性」に特化をしたほうが、一般的な整体院よりも、女性の満足度が高いサービスを提供することができますよね。SEOでも検索キーワード（検索意図）を絞れば絞るほど、集中して対策をしていくことができます。

絞り込んでいく際には、検索意図に合わせてグループ分けもしておくとよいでしょう。たとえば「場所で探している」といっても、駅名や区市町名など、複数のキーワードが想定されます。このときに「場所」というグループ分けをして、把握しやすくしておくことで、そこに含まれるキーワードの漏れを防ぐことができます。

また絞り込んだキーワードの中でも、**どの検索キーワードが一番重要になるかなどWebページやWebサイトにとっての優先度も考えてましょう**。絞り込む目安としては、Webサイトであれば、メインとなるキーワードを3つ、組み合わせたキーワードを5~10個程度にしておくとよいでしょう。

検索キーワードを絞り込む

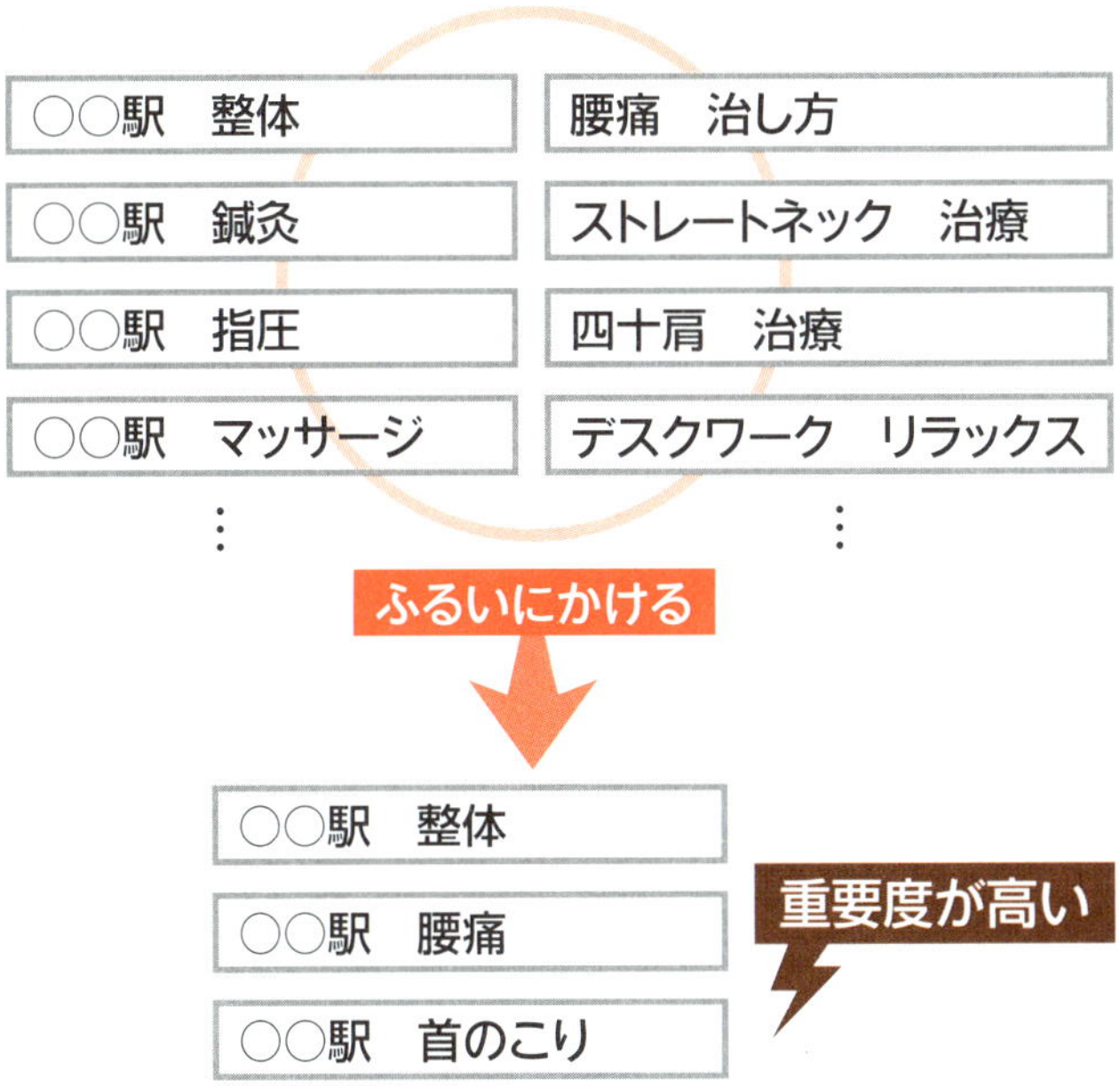

SECTION 13

キーワードを分析する

必読

似ている言葉や同義語がないかをチェック

検索キーワードを選ぶ（絞り込む）ときには、選んだ言葉に**同じ意味の言葉**や、**意味が似ている言葉**がないかも気にしてください。

というのも人によって使う言葉やいい方が違う場合があります。たとえば「整体」や「指圧」、「マッサージ」など、表しているものが似ていたり、同じ意味を持っている言葉がほかにもあったりすることがあります。

このように同じものを検索していても、検索に使われる言葉が違うことはよくあります。選んだ検索キーワード（言葉）と、同じことを表す言葉がほかにあって、しかも、選んだ言葉ではない方が、多くの人に使われていた！といった「キーワードの見落とし」がないように十分にチェックをするようにしてください。

顧客が使っている言葉を、SEO対策のために検索キーワードとして選ぶことが基本です。その中でも、より多くの人が使っている**一般的な言葉**を選びます。

もし、意味が似ている言葉や、別の表現があったときには、82ページで紹介をするキーワードプランナーを使って検索ボリュームを調べて、より多く使われている言葉を選んでください。

キーワードを決めたあと、決めたキーワードについてのWebページを作る際、そのキーワードの同義語や意味が似ている言葉は、文章の中で適度に使用しておくとよいでしょう。くれぐれも過剰にならないように気を付けてください。

SUMMARY

- 検索キーワードを選ぶ際には同義語もチェック
- 同じ目的でも検索に利用するキーワードが異なることもある
- より多くの人が使っている一般的な言葉を選択

実際に検索してみてチェック

検索キーワードを絞り込むときには、実際にＧｏｏｇｌｅ検索で、選んだ検索キーワードを使って検索をしてください。そして**検索結果にどんなＷｅｂページが表示されているのかをチェック**してください。検索している人が多くても、検索結果に表示されているＷｅｂページが、あなたの商品やサービスと関連性が弱いこともあります。

たとえば「税理士」で検索をすると「税理士の資格取得」に関するＷｅｂサイトが多く表示されます。これが「税理士　地域名」になると検索結果に表示されるＷｅｂサイトがガラッと変わります。このように、実際に検索をしてみることで見えてくることがあるので、必ず、選んだ検索キーワードを使って検索してみるようにしましょう。

ただし、検索エンジンはあなたの閲覧履歴を元に過去に訪問したＷｅｂページを優先的に表示したり、位置情報を参照したりなど、検索結果をカスタマイズしています。いつも通りに検索をすると、公平で客観的に、検索結果をチェックすることができません。その場合、Microsoft Edge（マイクロソフトエッジ）のInPrivateウィンドウを使って、**閲覧履歴や位置情報などの影響を受けない検索結果を調べましょう**。ちなみにGoogle Chrome（グーグル・クローム）では「シークレットウィンドウ」が同様の機能です。

Edgeのインプライベートウィンドウ機能

Chromeのシークレットウィンドウ機能

SECTION 14

どれくらい検索されているのかを知る「キーワードプランナー」

必読

キーワードプランナーとは

検索キーワードを決める際に利用すると便利なのが、Ｇｏｏｇｌｅが提供しているキーワードプランナーというツールです。これはＧｏｏｇｌｅ検索に広告出稿するためのGoogle AdWords（アドワーズ）向けの機能ですが、広告出稿だけでなく、ＳＥＯ対策でも役に立ちます。

キーワードプランナーを使うと特定の検索キーワードが、どれくらい検索に使われているか（月間平均検索ボリューム）を調べることができます。また、特定の検索キーワードと関連性の高いキーワードや関連性の高いキーワードの組み合わせを調べることもできます。

どれだけスモールキーワードが重要とはいえ、まったく検索で使われていない（検索している人がいない）言葉で上位表示をしても意味がありません。キーワードプランナーの月間平均検索ボリュームで1千以上あるキーワードを中心に、どの検索キーワードで上位表示を目指すかを決めましょう。

なお、キーワードプランナーは広告出稿をしている人のための機能なので、広告出稿をしていないと詳細な数値を見ることができないので注意してください。

キーワードプランナー

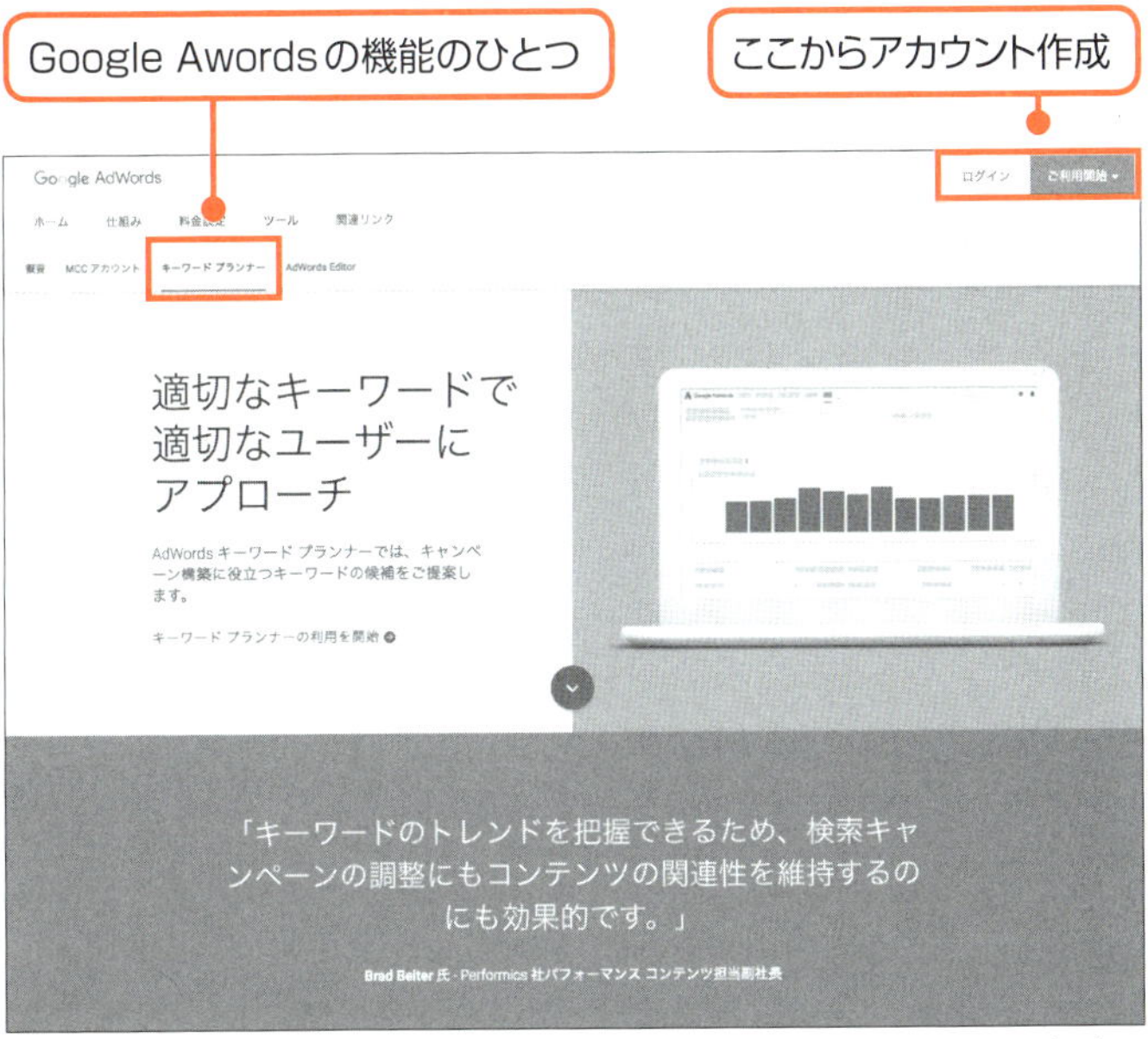

https://adwords.google.com/intl/ja_jp/home/tools/keyword-planner/

SECTION 15

キーワードプランナーの上手な使い方

必読

キーワードの月間検索ボリュームを調べる

キーワードプランナーを使うにはGoogle AdWordsアカウントが必要です。83ページの例にあるURLにアクセスをして、アカウント作成を行ってください（「ご利用開始」をクリック）。手順ごとに画面が表示され、指示に従っていけばアカウントを作成することができます。

準備ができたら、関係がありそうな検索キーワードに、月間でどれくらいの検索ボリューム（検索に使われている回数）があるのかを調べてみましょう。

キーワードプランナーのTOP画面で「検索ボリュームと傾向を取得」をクリックして「キーワードを入力」の欄に、あなたの商品やサービスに関係のある検索キーワードを入力して「検索ボリュームを取得」をクリックします。

これで「月間平均検索ボリューム」が表示されます。このボリュームが少なすぎる（1千を下回る）場合、ほかのキーワードを選んだ方がよいでしょう。

検索ボリュームの取得

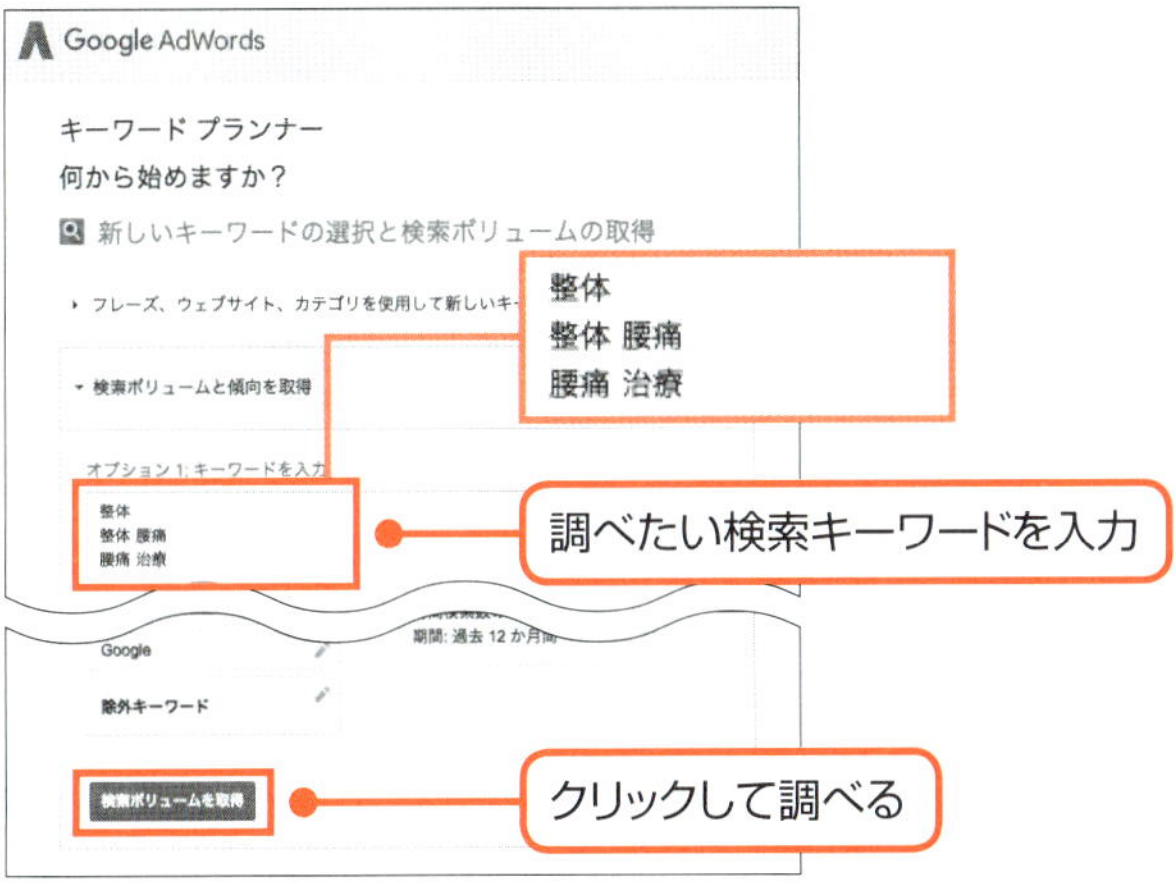
Google AdWords
キーワード プランナー
何から始めますか？
新しいキーワードの選択と検索ボリュームの取得
フレーズ、ウェブサイト、カテゴリを使用して新しいキ
検索ボリュームと傾向を取得
オプション 1: キーワードを入力
整体
整体 腰痛
腰痛 治療
調べたい検索キーワードを入力
Google
除外キーワード
期間: 過去 12 か月間
検索ボリュームを取得
クリックして調べる

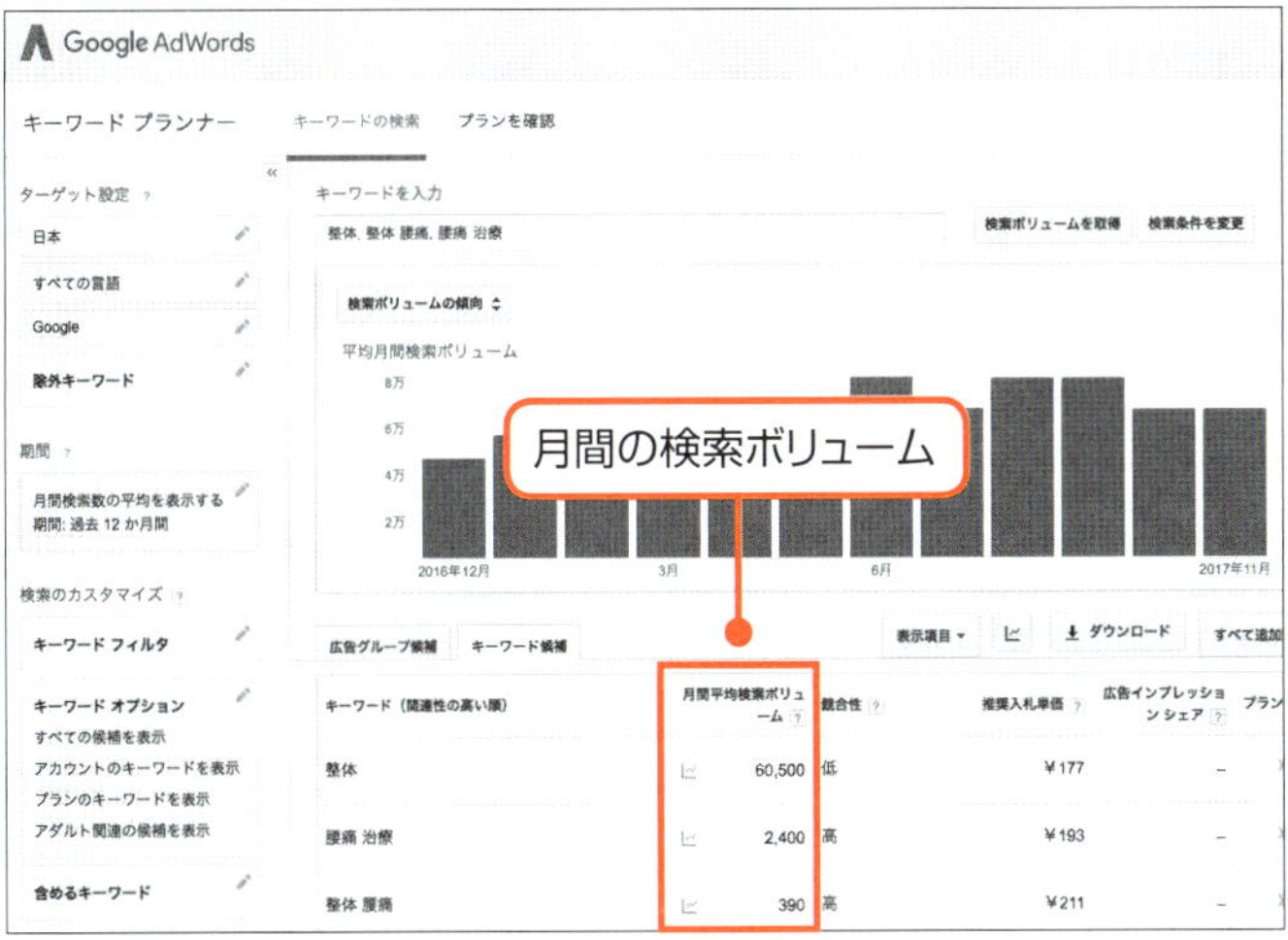
Google AdWords
キーワード プランナー
キーワードの検索
プランを確認
ターゲット設定
日本
すべての言語
Google
除外キーワード
期間
月間検索数の平均を表示する
期間: 過去 12 か月間
検索のカスタマイズ
キーワード フィルタ
キーワード オプション
すべての候補を表示
アカウントのキーワードを表示
プランのキーワードを表示
アダルト関連の候補を表示
含めるキーワード
キーワードを入力
整体, 整体 腰痛, 腰痛 治療
検索ボリュームを取得
検索条件を変更
検索ボリュームの傾向
平均月間検索ボリューム
8万
6万
4万
2万
2016年12月
3月
6月
2017年11月
月間の検索ボリューム
広告グループ候補
キーワード候補
表示項目
ダウンロード
すべて追加
キーワード（関連性の高い順）
月間平均検索ボリューム
競合性
推奨入札単価
広告インプレッション シェア
整体 60,500 低 ¥177 –
腰痛 治療 2,400 高 ¥193 –
整体 腰痛 390 高 ¥211 –

商品やサービスと関連性の高いキーワードを見つける

キーワードプランナーでは、あなたの商品やサービスと関連性の高いキーワードや、キーワードの組み合わせを見つけることも可能です。

これにはキーワードプランナーの「フレーズ、ウェブサイト、カテゴリーを使用して新しいキーワードを検索」を使います。

「宣伝する商品やサービス」に、あなたが扱っている商品やサービス、または検索キーワードを記入して「候補を取得」をクリックしてみましょう。

月間平均検索ボリュームだけでなく、キーワードの候補が関連性の高い順に表示されます。

ここに表示されたキーワードはＧｏｏｇｌｅ側が、効果が高いと想定されるキーワードを提案してくれているので、あなたのＷｅｂページやＷｅｂサイトで上位表示を目指す検索キーワードに取り入れるとよいでしょう。

また、単語1つだけでなく、複数の単語を組み合わせた検索キーワードの数値も調べることができるので、思い付く検索キーワードを、どんどん調べてみましょう。

新しいキーワードを検索

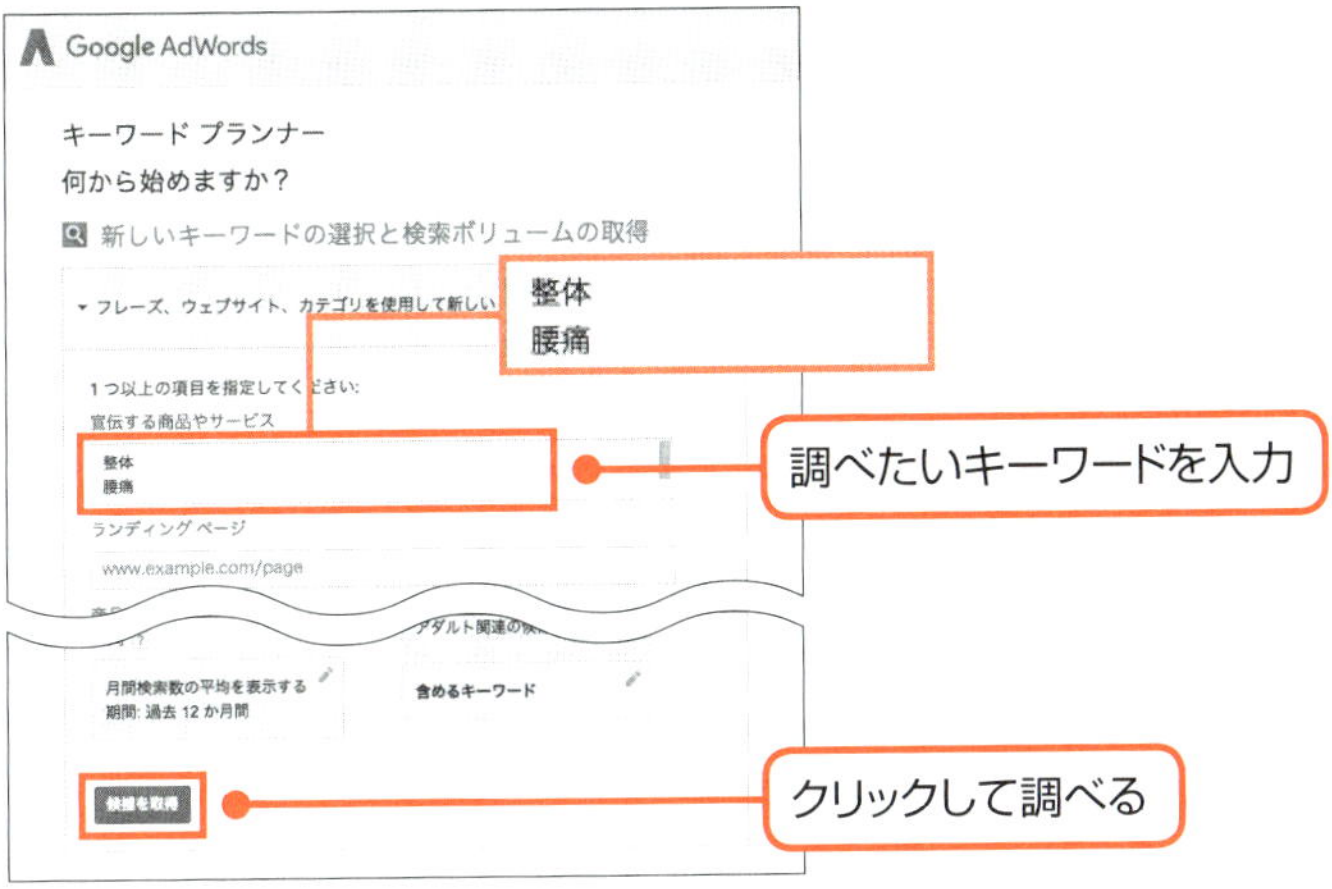

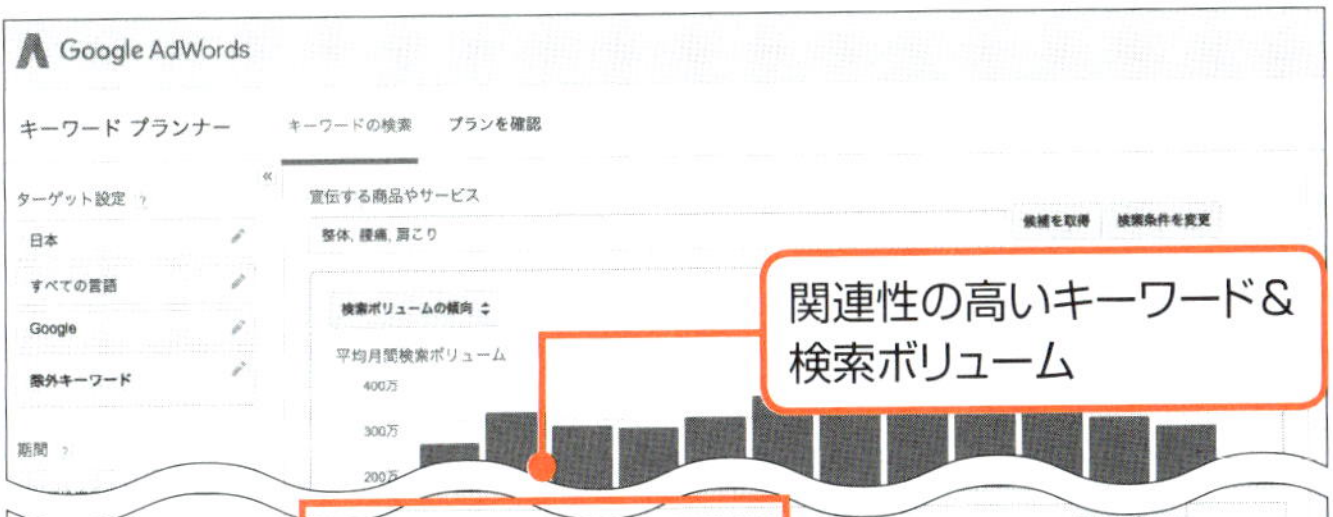

キーワード（関連性の高い順）	月間平均検索ボリューム	競合性	推奨入札単価	広告インプレッション シェア	プランに追加
ヘルニア	49,500	中	¥138	–	»
腰痛 病院	12,100	中	¥188	–	»
ぎっくり腰	90,500	低	¥91	–	»
肩こり 解消	22,200	低	¥116	–	»
腰痛 原因	14,800	低	¥77	–	»
マッサージ	301,000	低	¥109	–	»

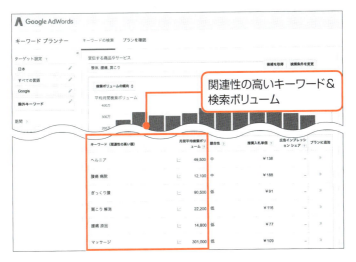

SECTION 16

検索結果での状況を把握する「サーチコンソール」

必読

改善と修正を続けていく

検索キーワードを決めて、Ｗｅｂサイトを最適化するのは、一回の作業で終わるものではありません。ＳＥＯでも改善と修正は必要な作業です。

対策を行った検索キーワードで調べたときに、あなたのＷｅｂサイトが何位に表示されているのかという確認はもちろんのこと、上位表示したことによって、商品の販売数は増えたのか、顧客は増えたのか、問い合わせ件数は増えたのかといったことも確認しましょう。

もし、あなたのＷｅｂサイトが検索結果で1千回以上、表示されているのに、クリックされた数が10回だとしたら、検索している人にとって、あなたのＷｅｂページが「見たい」と思えるものではない、求めているものではないと認識されている可能性があります。

その**大きな要因がWebページのタイトルや説明文**です。Webページのタイトルが魅力的ではない、検索している人にとって「自分とは関係ない」と思われてしまうと、どれだけ検索結果に表示されていても、Webページを見には来てくれません。そうなるとせっかくのチャンスをみすみす逃してしまうことになるので、**ページタイトルやページの説明文の手直し**を行うことが必要になります。

あるいは、検索している人の検索意図と、表示されているWebページが合っていない可能性もあります。

場合によっては、選んだ検索キーワードそのものを修正した方がよいかもしれませんし、ほかの検索キーワードを追加していった方がよいかもしれません。

このような改善をしていくためにも、検索結果で、あなたのWebサイトがどれくらい表示されているのか、そして、どれくらい選ばれているのか(クリックされているのか)を把握する必要があります。

サーチコンソールとは

ＳＥＯの改善で欠かすことができないのが、Ｇｏｏｇｌｅが無料で提供しているSearch Console（サーチコンソール）と呼ばれるツール（旧：ウェブマスターツール）です。このSearch ConsoleはＷｅｂサイトを持っている人のためのツールで、Search Consoleを使うと、あなたのＷｅｂサイトで、どれくらいのページをクローラーが読んだのか、どれくらいのページがインデックスされたのかを知ることができたり、ＧｏｏｇｌｅにＷｅｂサイトの情報を送ったり、ペナルティがあったときに連絡が届いたりします。

ほかにも、あなたのＷｅｂサイトへの被リンクの状況や、Ｗｅｂサイト内のリンクの状況や、あなたのＷｅｂページやＷｅｂサイトの検索結果での状況（表示回数やクリック数、平均順位など）をチェックすることができます。

ＳＥＯに取り組んでいくうえで、Search Consoleを使わないのは、歩きやすい道があるのに、わざわざ難しく険しい道を進むようなものですので、必ず利用しましょう。

サーチコンソール画面

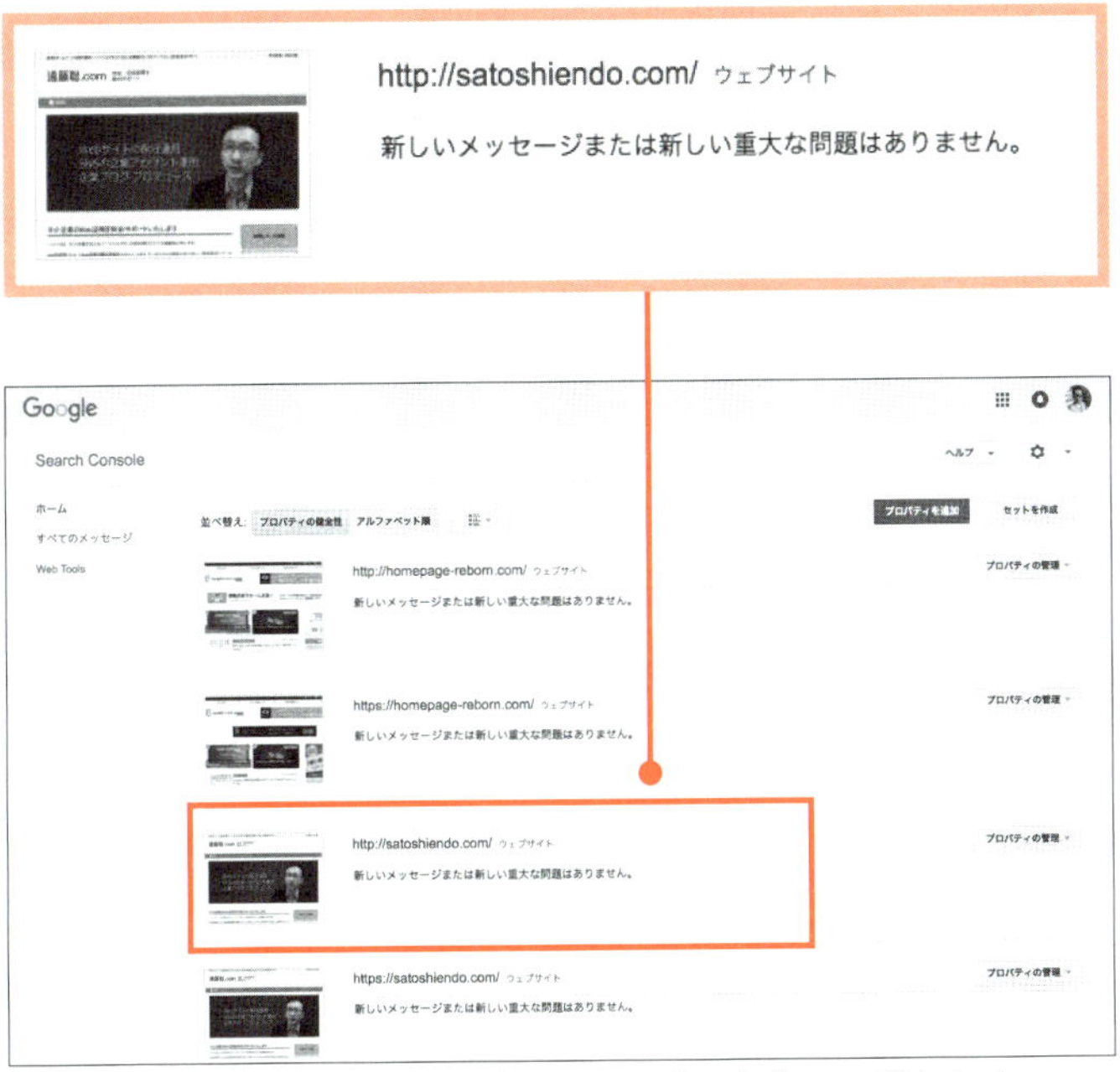

https://www.google.com/webmasters/tools/home?hl=ja/

※2018年の1月からすべてのユーザーに対して「Search Console ベータ版」が提供されており、管理画面などのレイアウトが大幅に変更されている
※管理画面の左下「以前のバージョンに戻す」から、以前のサーチコンソールを利用することが可能

SECTION 17

サーチコンソールの上手な使い方

必読

サーチコンソールにWebサイトを登録する

Search ConsoleにWebサイトを登録をする必要があります。

Search Consoleを使うには、あなたのＷｅｂサイトをSearch Consoleに登録をする必要があります。まずは91ページのＵＲＬを参照にSearch Consoleのページにアクセスをして Ｇｏｏｇｌｅアカウントで「ログイン」をします。ログインをしたら、画面右上の「プロパティを追加」をクリックします。ウェブサイトのＵＲＬを記入する画面が表示されるので、あなたのＷｅｂサイトのＵＲＬを記入して「追加」をクリックします。

最後に、あなたがＷｅｂサイトの所有者であることを確認するためにＨＴＭＬファイルをＷｅｂサイトにアップロードします。これが難しい場合は「別の方法」をクリックして、あなたのＷｅｂサイトにＨＴＭＬタグを書き込む方法でトライしてみてください。最後のＷｅｂサイトの所有者であることの確認ができないとSearch Consoleを使うことができません。登録が難しいときは、Ｗｅｂサイトを管理している人やＷｅｂサイトを製作した人の力を借りるとスムーズに設定ができると思います。

サーチコンソールの使い方

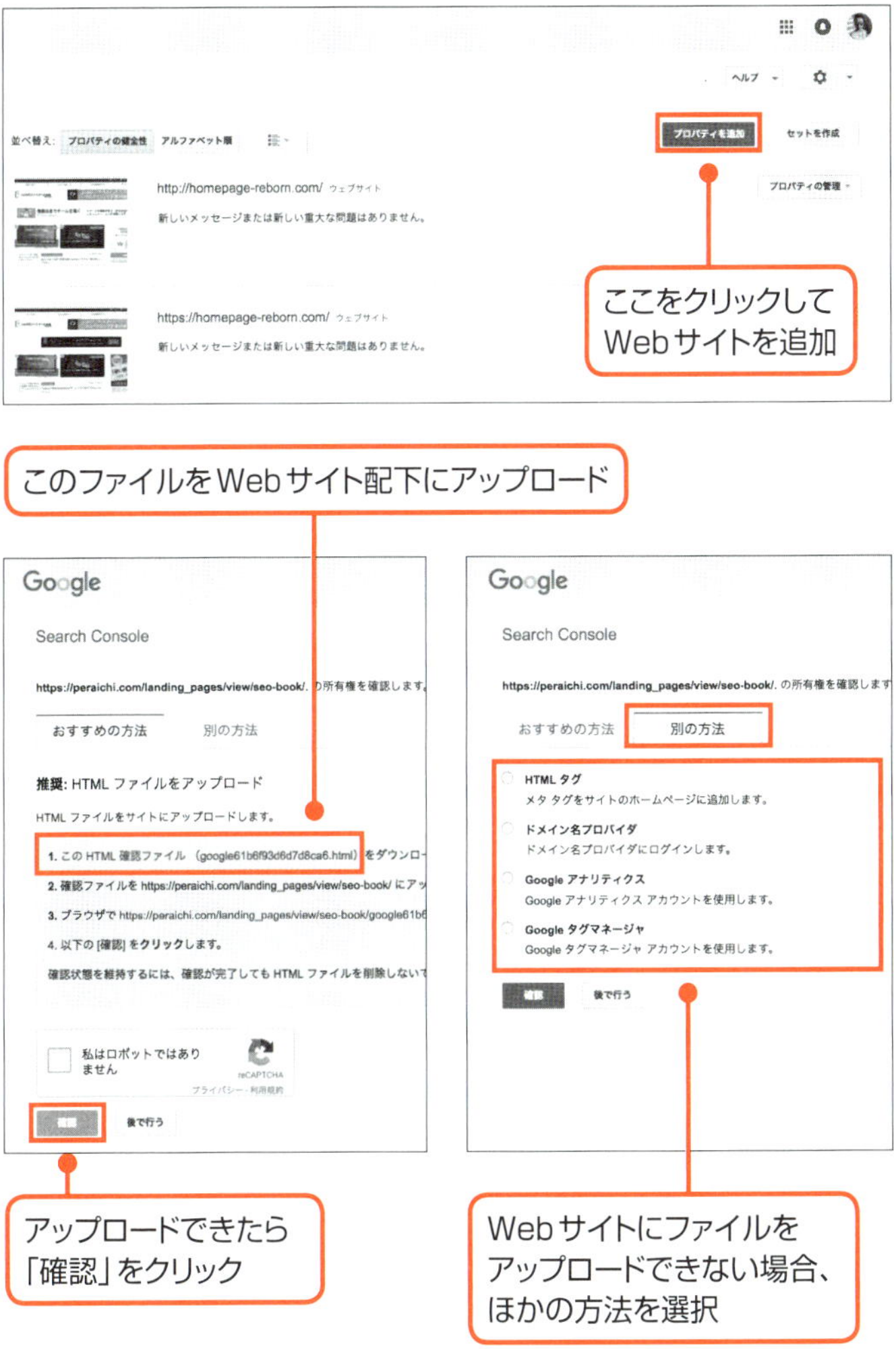

サイトマップをGoogleに送る

Search ConsoleにWebサイトの登録が完了したら、あなたのWebサイトのサイトマップをGoogleに送信しましょう。

サイトマップとは、Webサイトがどのような構成になっているか伝えるためのファイルで、サイトマップを送信することで、あなたのWebサイトをGoogleが認識してくれます。

サイトマップをGoogleに送信するには、あなたのWebサイト配下にサイトマップのファイルをアップロードし、そしてアップロードしたサイトマップのURLをGoogleに送信します。

Search Consoleでは管理画面の「クロール」にある「サイトマップ」を開くと、画面右上に「サイトマップの追加／テスト」のボタンがあります。これをクリックするとURLの記入欄が表示されるので、サイトマップのURLを記入して「送信」をクリックしてください。

サイトマップを作成するには「サイトマップ生成ツール」を使うのが便利です。「サイトマップ 生成ツール」でGoogle検索するとツールが見つけることができます。

サイトマップの送信

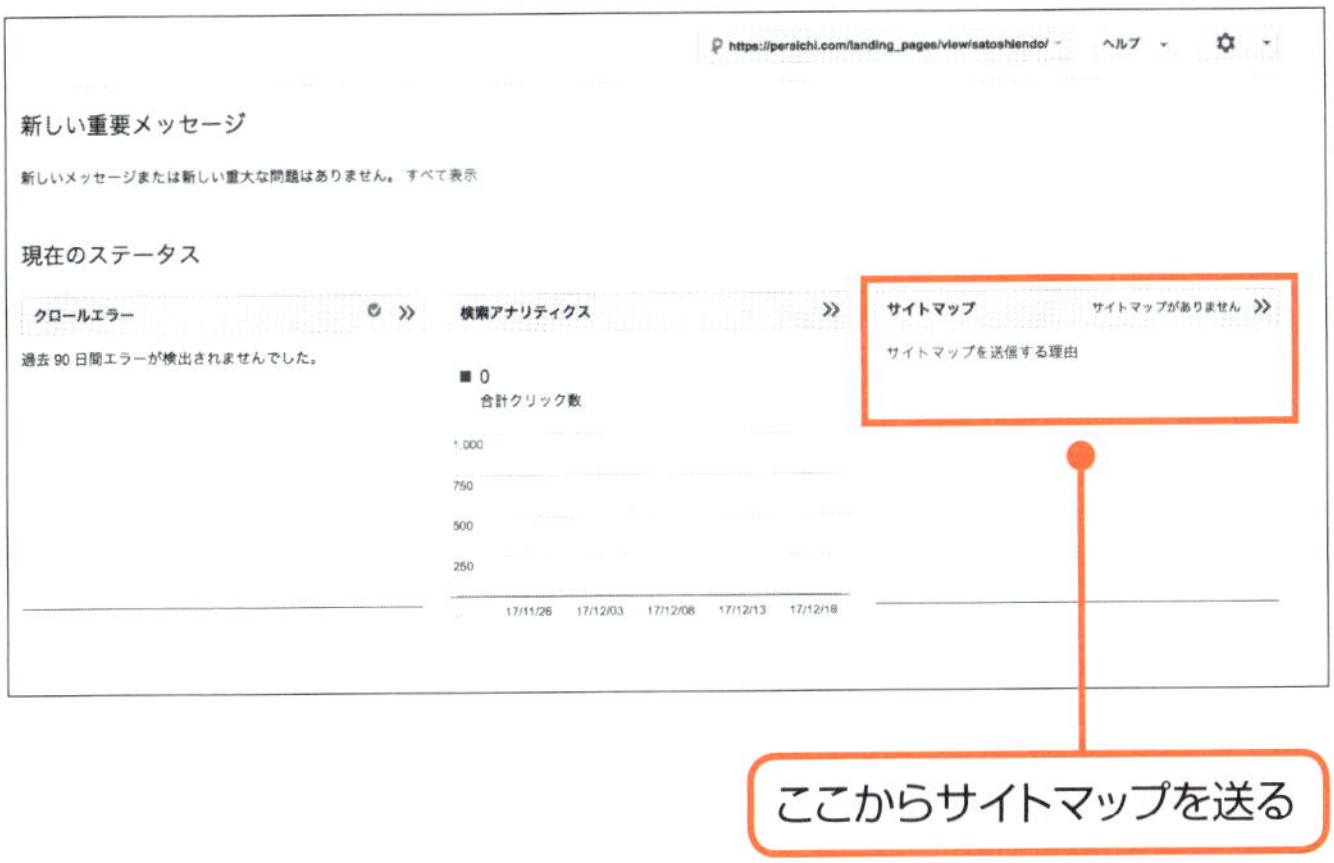
新しい重要メッセージ
新しいメッセージまたは新しい重大な問題はありません。 すべて表示
現在のステータス
クロールエラー
過去 90 日間エラーが検出されませんでした。
検索アナリティクス
合計クリック数
サイトマップ
サイトマップがありません
サイトマップを送信する理由
ここからサイトマップを送る

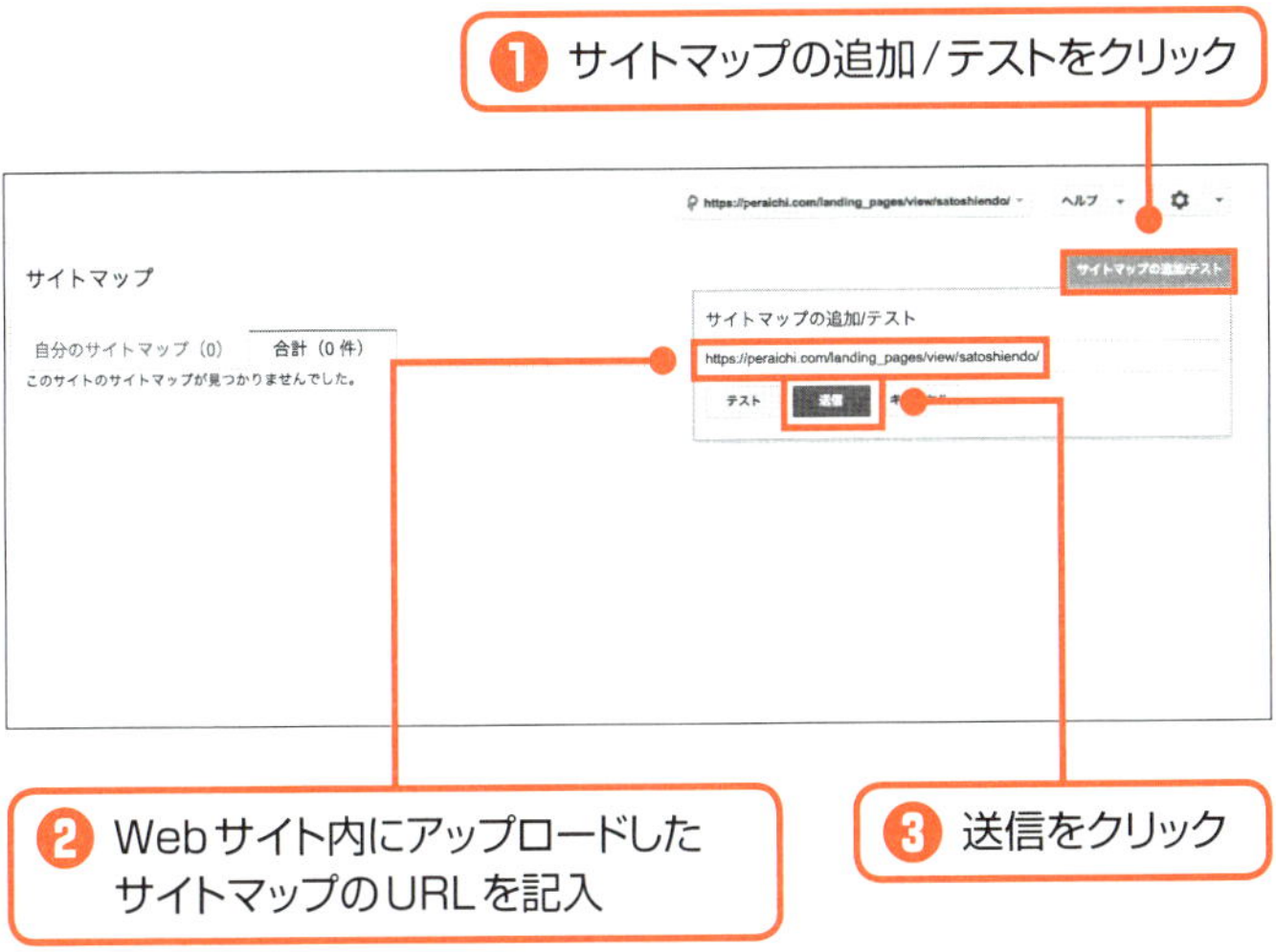
❶ サイトマップの追加/テストをクリック
サイトマップ
自分のサイトマップ（0）
合計（0 件）
このサイトのサイトマップが見つかりませんでした。
サイトマップの追加/テスト
https://peraichi.com/landing_pages/view/satoshiendo/
テスト
❷ Webサイト内にアップロードしたサイトマップのURLを記入
❸ 送信をクリック

サーチコンソールの検索アナリティクスを見る

Search ConsoleにＷｅｂサイトの追加をして、サイトマップの送信も終わって、Search Console側でデータ集計ができると、データを見られるようになります。

Search Consoleでは、さまざまなことができるのですが、まずは「検索トラフィック」にある**検索アナリティクス**を見てみましょう。検索アナリティクスでは、あなたのＷｅｂサイトの検索結果での状況を確認することができます。

検索アナリティクスでは、まず**クエリ（検索キーワード）**と**ページ**を見ましょう。表示する指標（クリック数、表示回数など）にチェックを入れることで、あなたのＷｅｂページやＷｅｂサイトが、どんな検索キーワードで、どれくらい表示された（表示回数）のか、表示されたうち、どれくらいクリックされたのか（クリック数）を見ることができます。

これらを見ることで、表示回数が多いのにクリック数が少ないＷｅｂページは、検索結果を見ている人から選ばれていない状態であることなどが判別でき、Ｗｅｂページのタイトルの改善が必要だ、といった判断が可能になるのです。このデータは定期的にチェックするようにしてください。

検索アナリティクスのチェック

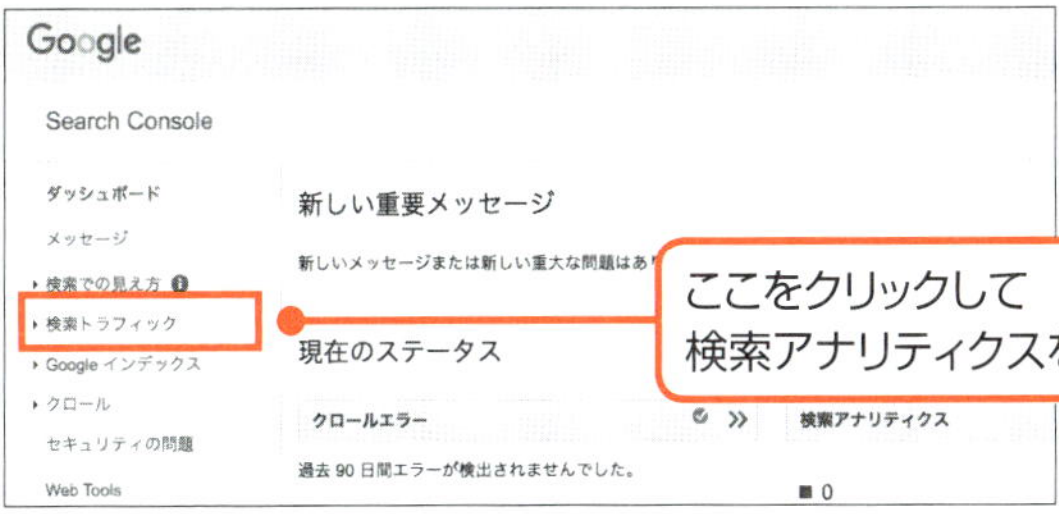

ここをクリックして
検索アナリティクスを開く

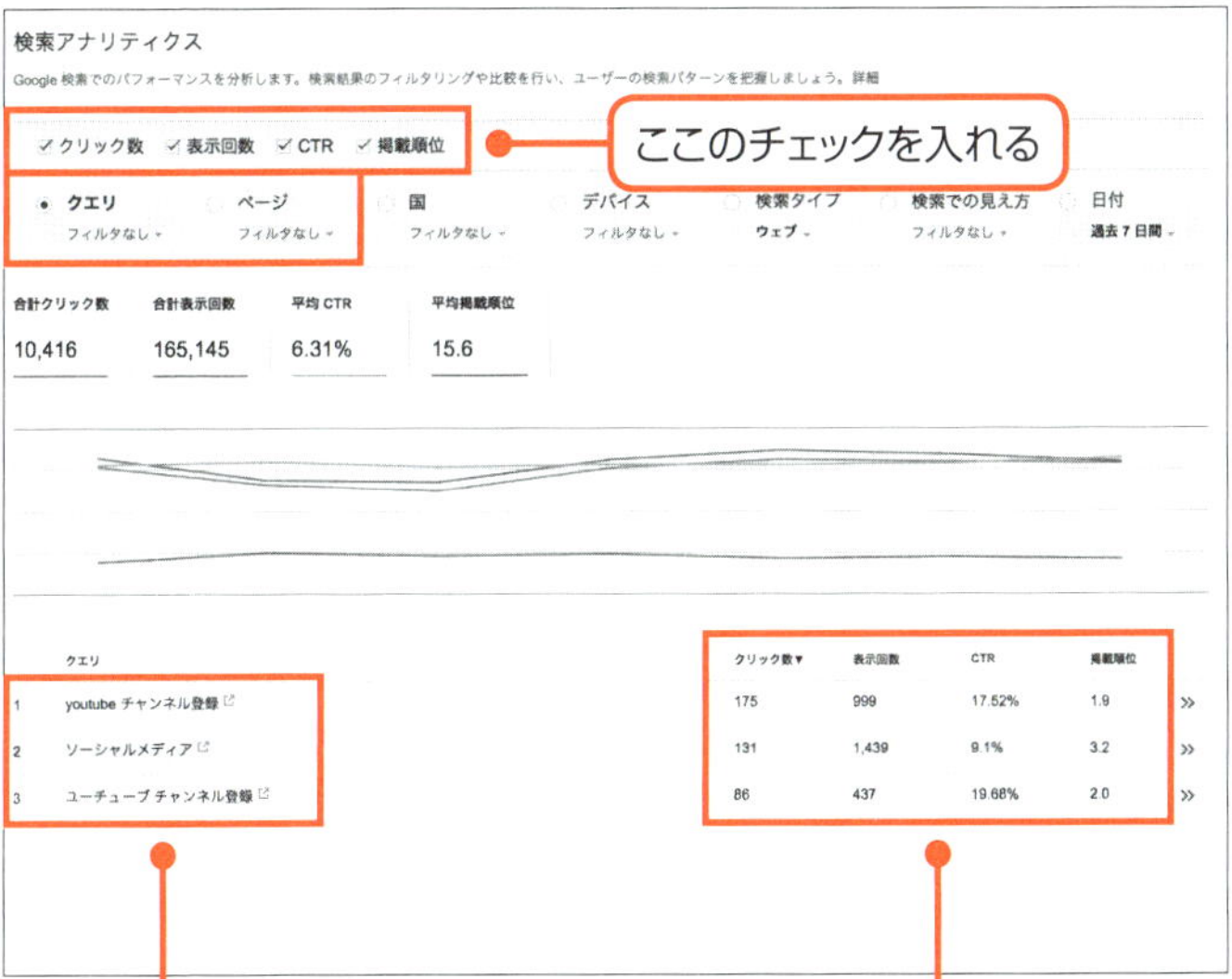

ここのチェックを入れる

検索キーワード

各キーワードの検索結果での
・クリックされた数
・自分のページが表示された数
・掲載順位

COLUMN

店舗があるなら「Googleマイビジネス」

Webサイトの SEOだけでなく、あなたのビジネスの情報をGoogleに伝えられるGoogle マイビジネスをご存知でしょうか。Googleマイビジネスを使うと、Googleにあなたのビジネス情報（住所や営業時間、電話番号など）を伝えることができます。Googleにビジネス情報を伝えると、その情報を元にGoogle検索の検索結果の画面に、ビジネス情報（所在地や電話番号、営業時間、写真、レビュー）を表示してくれます。

特に店舗をお持ちの方にはGoogle マイビジネスを使うことを、強くお勧めします。Google検索の検索結果に、営業時間や電話番号、そして店舗までの経路などが、とても目立つ形で表示されますので、積極的に利用するようにしてください。

Google マイビジネス

https://www.google.co.jp/intl/ja/business/

3章

内部対策と外部対策

SECTION 18

プラスα

Webサイトの内部対策

品質に関するガイドライン

SEO対策には内部対策と外部対策があります。2011年ごろまでは、SEOといえば外部対策が中心でしたが、現在は内部対策が、SEOの中心です。内部対策を一言で表現するならば、検索エンジンに合わせたWebサイト作りといえます。

内部対策に取り組む際には、Googleが公開をしているウェブマスター向けガイドラインを、必ず読んでください。このガイドラインには、Webサイトを持っている人がなにをしなければならないのか、なにをしてはいけないのかが書かれています。Webサイト作りにおいて、ここに書かれている「使用してはダメな手法」をやってしまうと、手動による対策（ペナルティ）を受けることになります。

また、GoogleがSEO指南書として公開をしている検索エンジン最適化（SEO）スターターガイドも読むことを強くお勧めします。これらはSEOの基準であり教科書です。これらの資料に書かれていることを参考にしてください。

ウェブマスター向けガイドライン（品質に関するガイドライン）

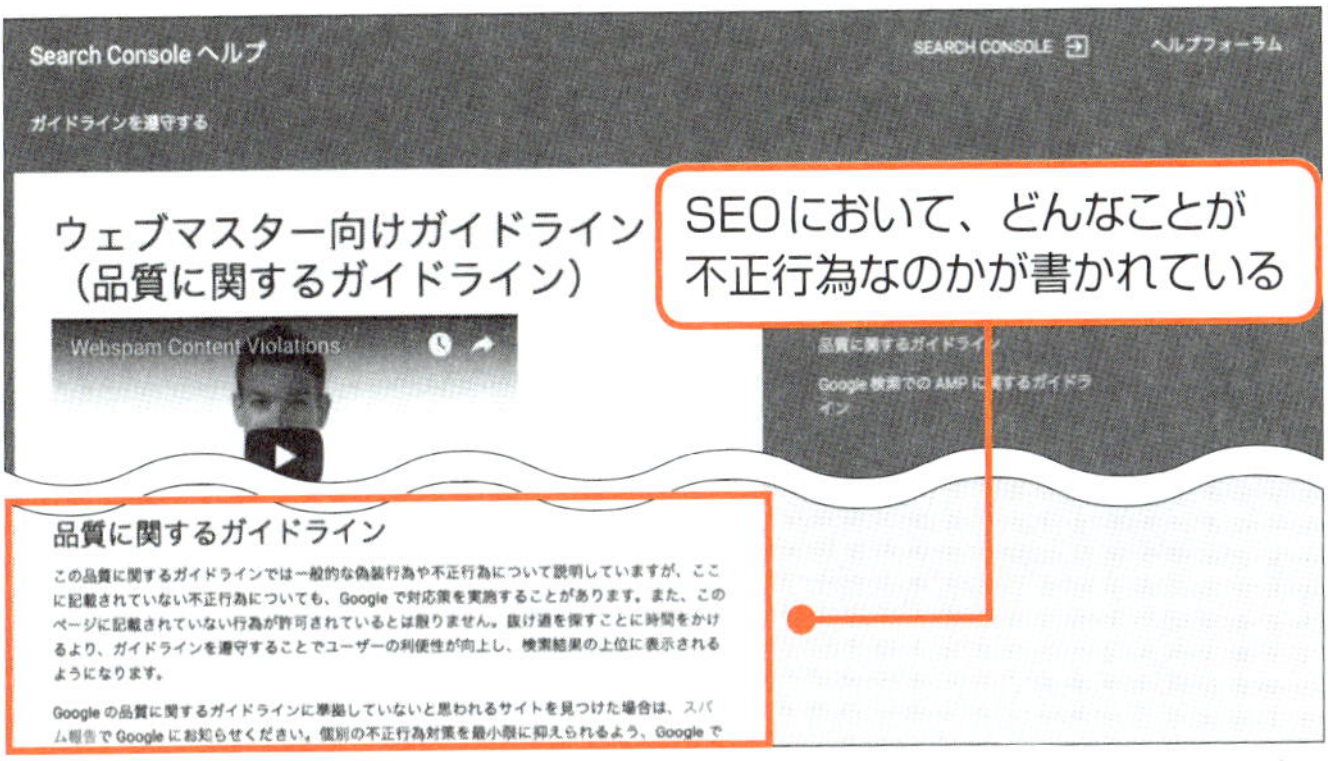

https://support.google.com/webmasters/answer/35769?hl=ja

検索エンジン最適化（SEO）スターター ガイド

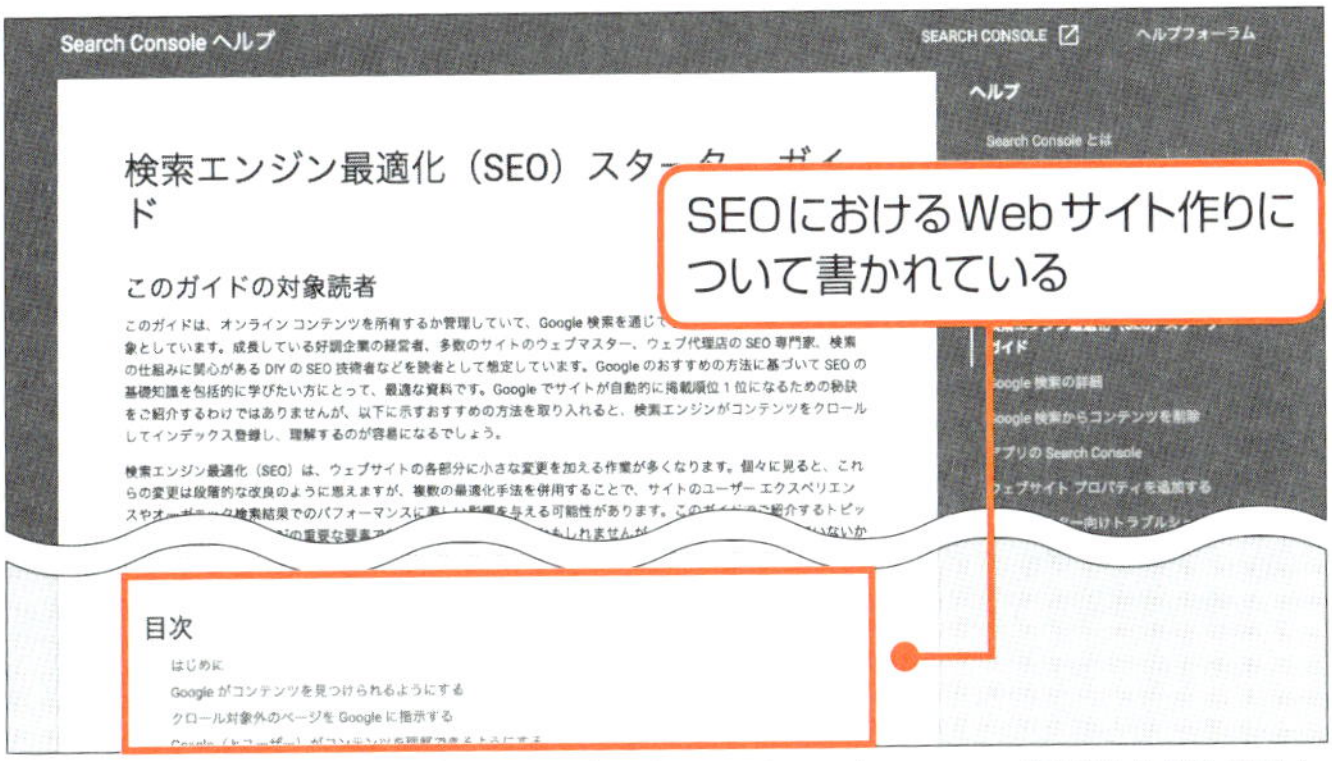

https://support.google.com/webmasters/answer/7451184?hl=ja

3章 内部対策と外部対策

W3C勧告に準拠してWebサイトを作る

注文書や報告書には、ある程度、書き方の決まりがあると思います。書き方の仕様があることで、内容の不備を防ぎ、読む人も書類の内容を理解しやすくなります。同じ注文書でも、書き方がバラバラでは効率が悪すぎます。Webにも同じように、Webを作成する技術の標準となる仕様があります。それが**W3C勧告**と呼ばれるものです。

W3C（World Wide Web Consortium）は国際的な非営利団体で、Webで使われる技術の標準化を行なっています。そしてW3C勧告とは、**W3CがHTMLやCSSなどWebで使う技術の標準を示した仕様書**のことです。この「標準」に沿うことで、理解されやすいHTMLでWebサイトを作ることができ、ブラウザやクローラーによって、解釈が異なってしまうような、わかりづらいWebサイトになってしまうことを防ぐことができます。

SEOの内部対策を行う際にも、この仕様書に沿ったHTMLやCSSの使い方をして、一定の決まりごとに沿ったWebサイトを作ることが求められます。

Webサイトがどれくらい W3C勧告に沿って作られているかはチェックツール（https://validator.w3.org/）で、簡単に確認できます。

W3Cのチェックツール

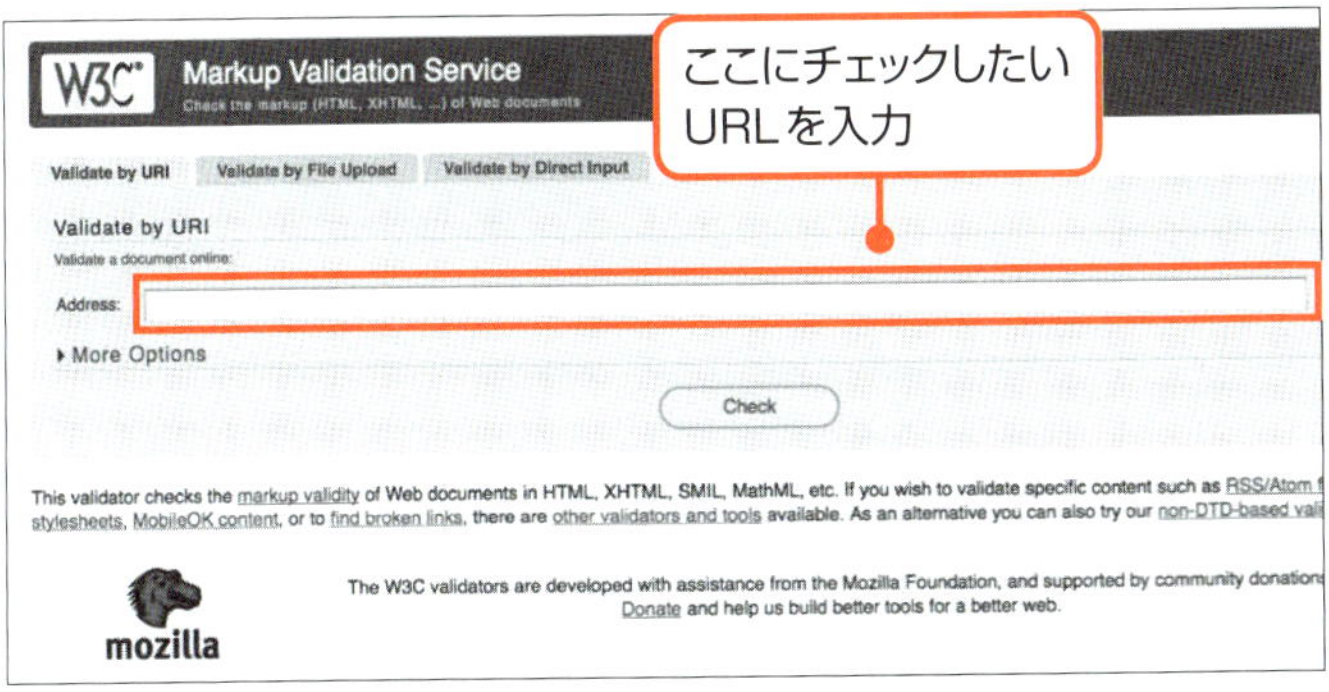

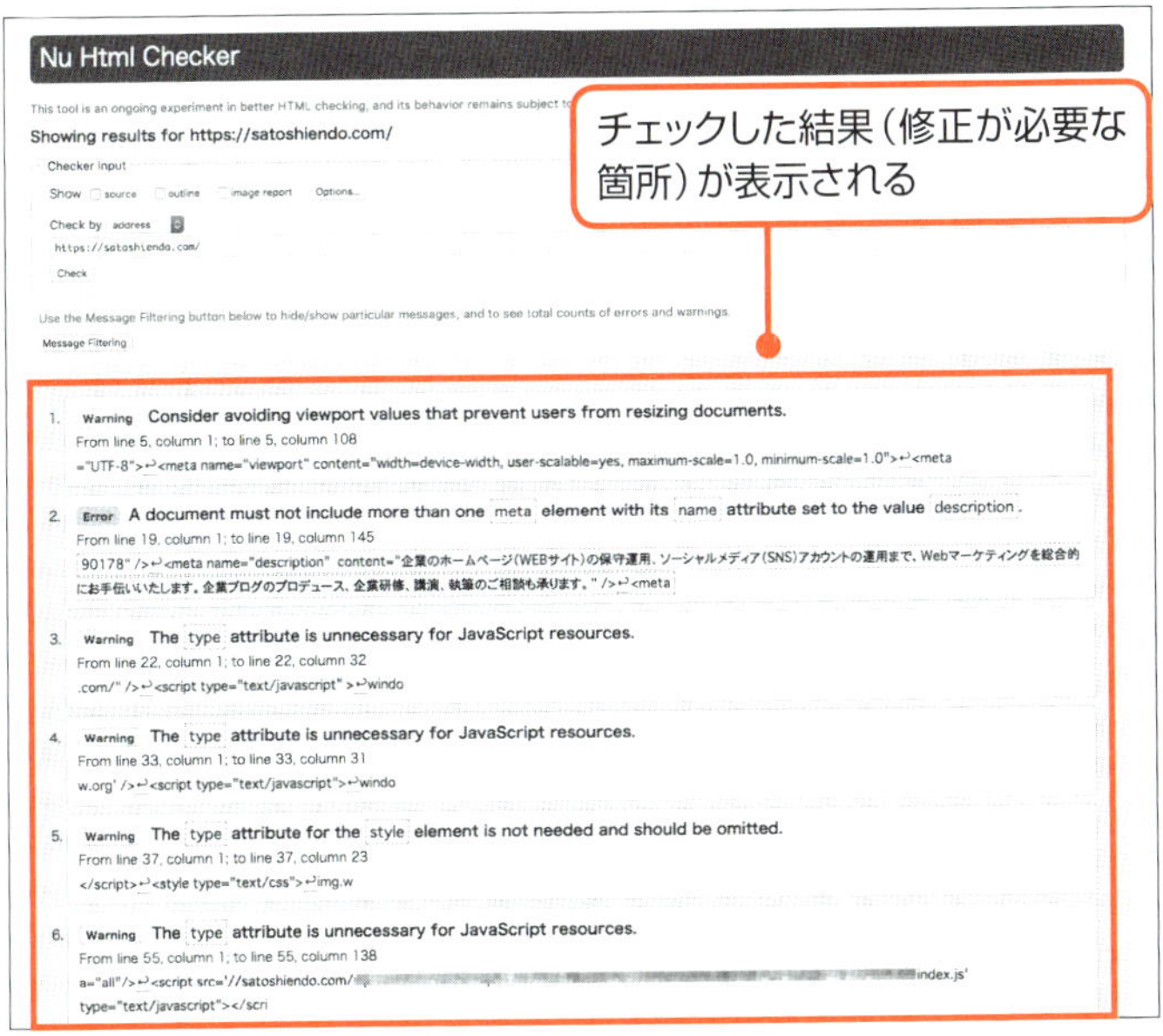

Ｗｅｂサイトも整理整頓

仮に近所のスーパー行ったとしましょう。そのスーパーで肉売り場や魚売り場のような専用のコーナーがなく、商品があちこちにバラバラに置かれていたら、買い物をするにも、どこになにがあるかがわからず混乱してしまいますよね。

スーパーだけでなく、コンビニでも薬局でも、商品が**種類ごとに分類されて、整理整頓されている**から、商品を見つけやすく、買い物もしやすいわけです。

あなたのＷｅｂサイトも同じです。Ｗｅｂサイトの中にある情報が整理されていないと、訪問した人にとっては、わかりづらいＷｅｂサイトになってしまいます。どれだけＷｅｂページの品揃えがよく、ひとつひとつの情報が充実していても、**わかりづらい・利用しづらいＷｅｂサイトではよい評価にはなりません**。

そうならないように、Ｗｅｂサイト内のＷｅｂページはファイル整理をするように**種類ごと（階層ごと）にカテゴリー分け**をしましょう。また、分類をするときには、カテゴリー名に「キーワード」を含めると効果的です。たとえば「日本酒」ではなく「福島県産の日本酒」や「新潟県産の日本酒」のようにキーワード化をすることで、検索キーワードを意識したＷｅｂサイト作りになります。

Webサイトは整理整頓

✕ 散らかっているWebサイト

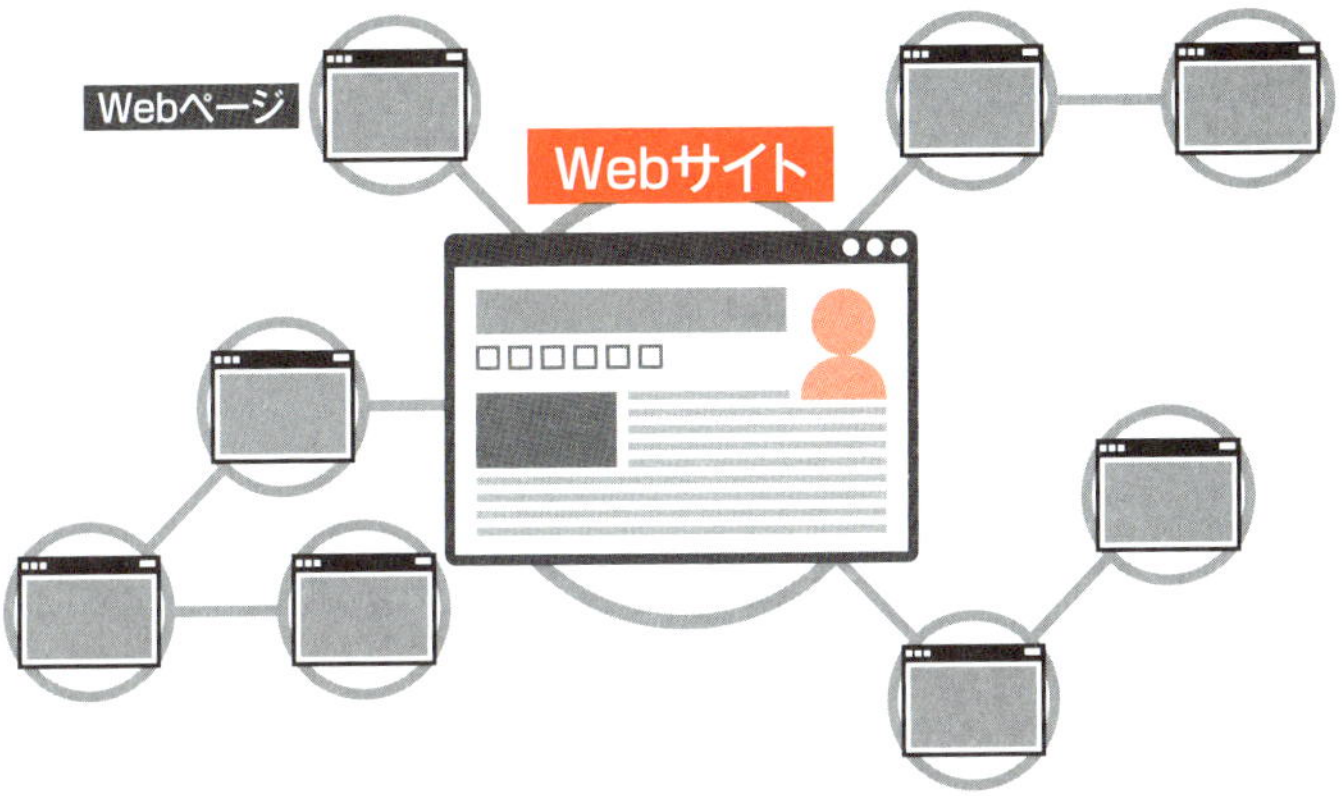

○ 整理整頓できているWebサイト

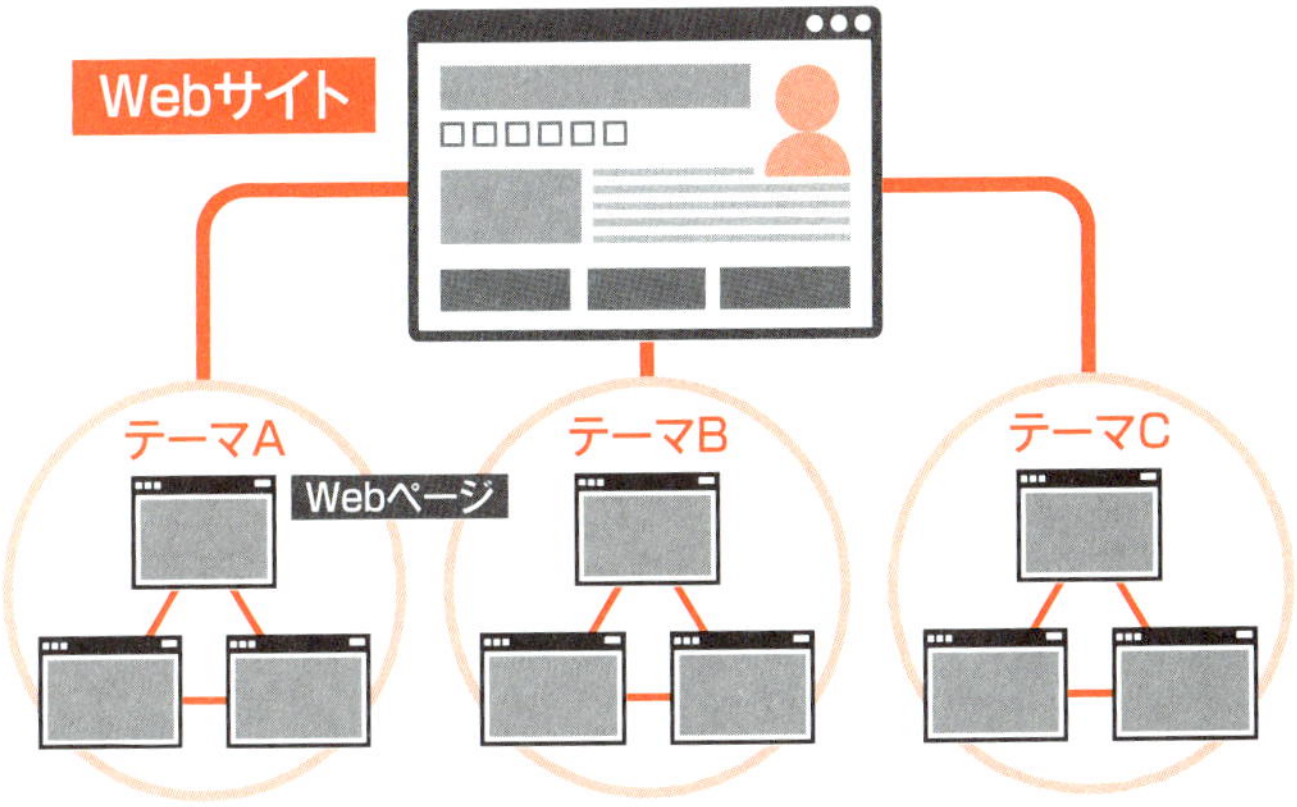

SECTION 19

プラスα

訪問した人の満足度の高いWebサイトを作る

Webサイト内で迷わないように案内する

Webサイトでは、道案内が必要です。ページや情報が整理整頓してあっても、そこにたどり着けなければ意味がありません。料金表が知りたいのだけど、料金表がどこにあるのかわからない。問い合わせをしたいのだけど、電話番号がどこに書かれているのかわからないということがないようにしましょう。

そうならないために、あなたのWebサイトを訪問した人がWebサイトの中で迷わないように、ナビゲーションやWebサイト内のリンクで「○○のページはここにありますよ」と道案内をしましょう。

特に、Webサイト内にWebページが階層化されて多くのWebページがあるような場合には、どこに目的のWebページがあるのかがわかりづらくなって、迷ってしまいがちです。その場合、パンくずリストと呼ばれる、今、開いているページがどのカテゴリーに含まれているのかを表示する道案内を付けるとよいでしょう。

パンくずリストはWebサイト内リンクのひとつです。「ホーム≫治療≫腰痛」ではなく「ホーム≫整体治療≫腰痛治療」のように、ページの階層（カテゴリー）名に選定したキーワードを使うことで、訪問している人もわかりやすく、なおかつキーワードを含むリンクを作ることができます。

パンくずリスト

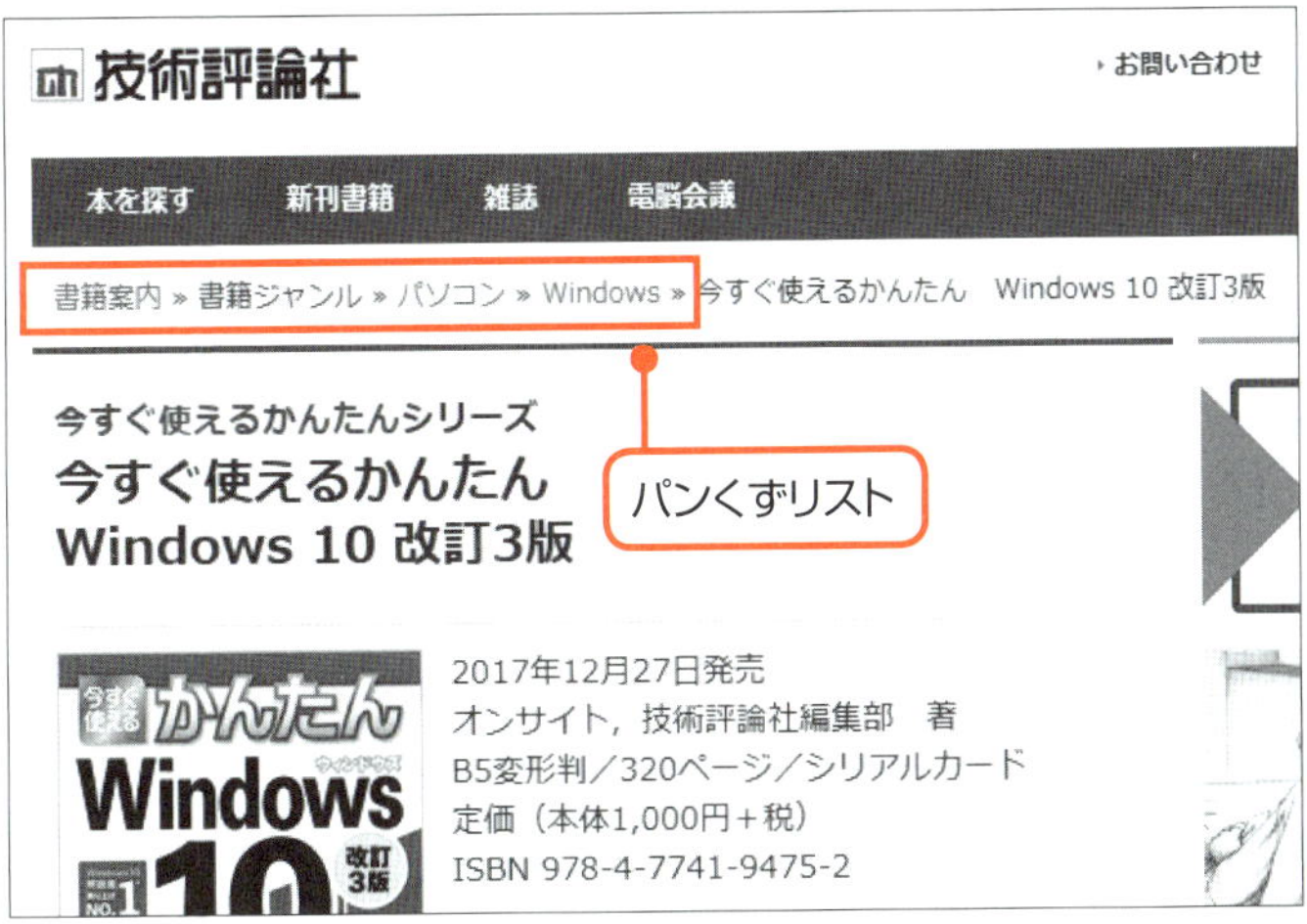

スマートフォンで見やすいWebサイトを作る

現在では、WebページやWebサイトをパソコンを使って見る人よりも、スマートフォンを使って見る人の方が多くなっています。そのため、Googleも、スマートフォンの画面に合わせた表示に対応しているWebサイトを高く評価するようになりました。

またGoogleは、パソコン向けのWebサイトのデータより、スマートフォン向けのWebサイトのデータを重視して、インデックスの対象にすると発表も行っています。

スマートフォンであなたのWebサイトを見たときに、パソコンで見るときと同じものが表示されて、画面を拡大しないと文字が読めない状態になっているならば、早急にスマートフォン向けのレイアウトやデザインを用意する必要があります。

スマートフォン対応には、閲覧している画面サイズに合わせたデザインが変化するレスポンシブデザインや、使用しているデバイス（パソコンなのか、スマートフォンなのか）で表示するものを変えるアダプティブデザインなどがありますが、Googleはレスポンシブデザインを推奨しています。

なお、Googleが提供しているモバイルフレンドリーテストを使えば、あなたのWebサイトがどれくらいスマホ対応ができているかをチェックすることができます。

モバイルフレンドリーテスト

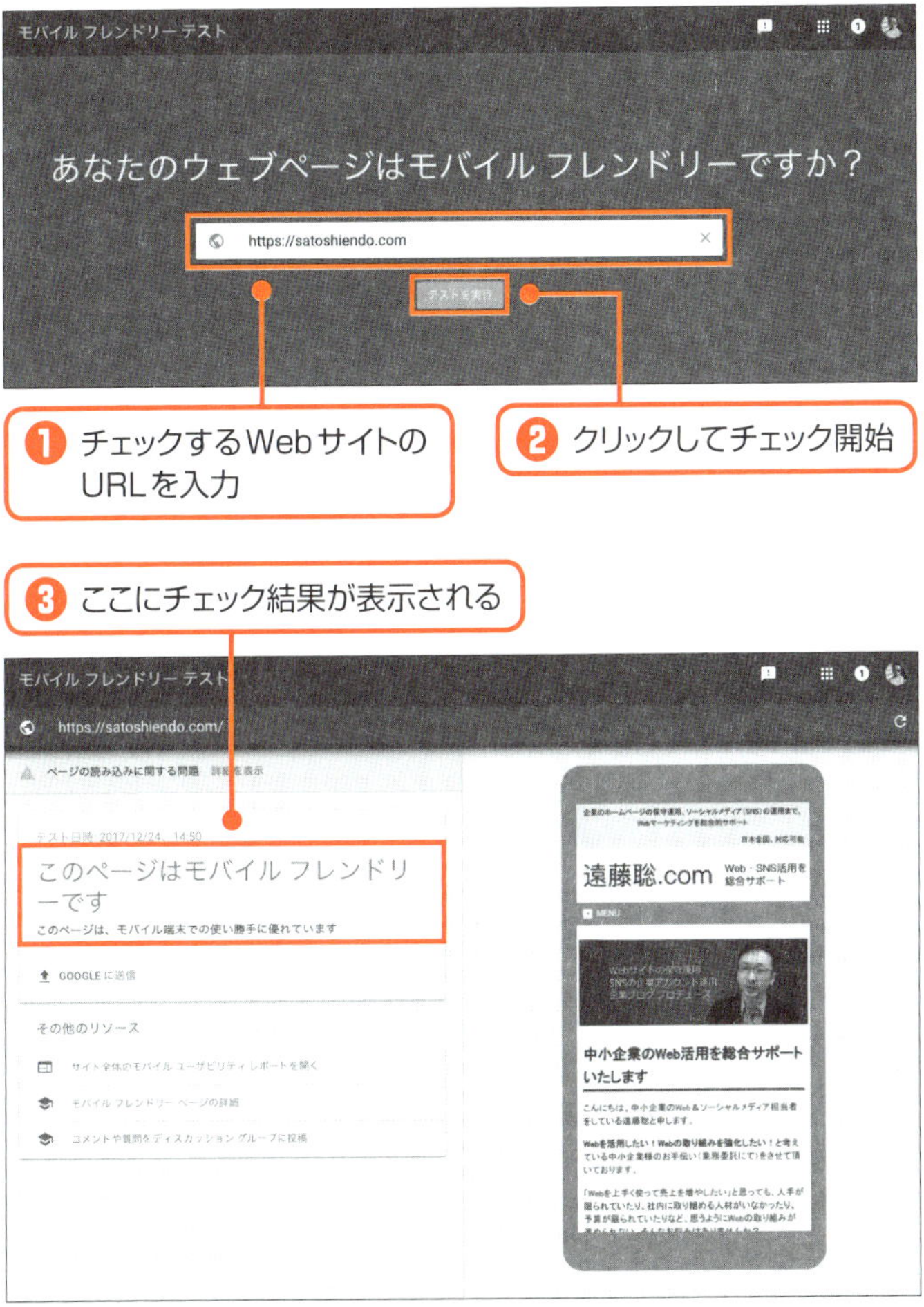

https://search.google.com/test/mobile-friendly

表示スピードを速くする

WebページやWebサイトの表示速度もSEOでは非常に重要です。Googleの発表によると、Webページの表示が0.5秒遅くなるだけで、アクセス数が20%低下するとのことです。Webページが表示されるまでの時間は、大きな影響を与えます。

表示速度を遅くする要因にはさまざまなものがありますが、よくある要因として使用する画像サイズが挙げられます。画像サイズが大きいと、そのぶん負荷も大きくなり、表示速度も遅くなってしまいます。加えて、スマートフォンは処理速度がパソコンより低いので、表示速度も遅くなりがちです。

また、画像をスライドさせるような、Webサイトに動きを付けるプログラム(JavaScriptなど)も表示速度を遅くします。余計なものは取り除いて、できる限り**素早く表示される、身動きの軽いWebページやWebサイト**を目指してください。

Webサイトの表示速度を知るには、Googleが提供している**PageSpeed Insights**が使えます。またスマートフォン向け(モバイルサイト)のチェックツールもあります。これらを使うと、あなたのWebサイトの表示速度を分析して、点数を付けてくれます。また改善点も教えてくれるので、便利です。

PageSpeed Insights

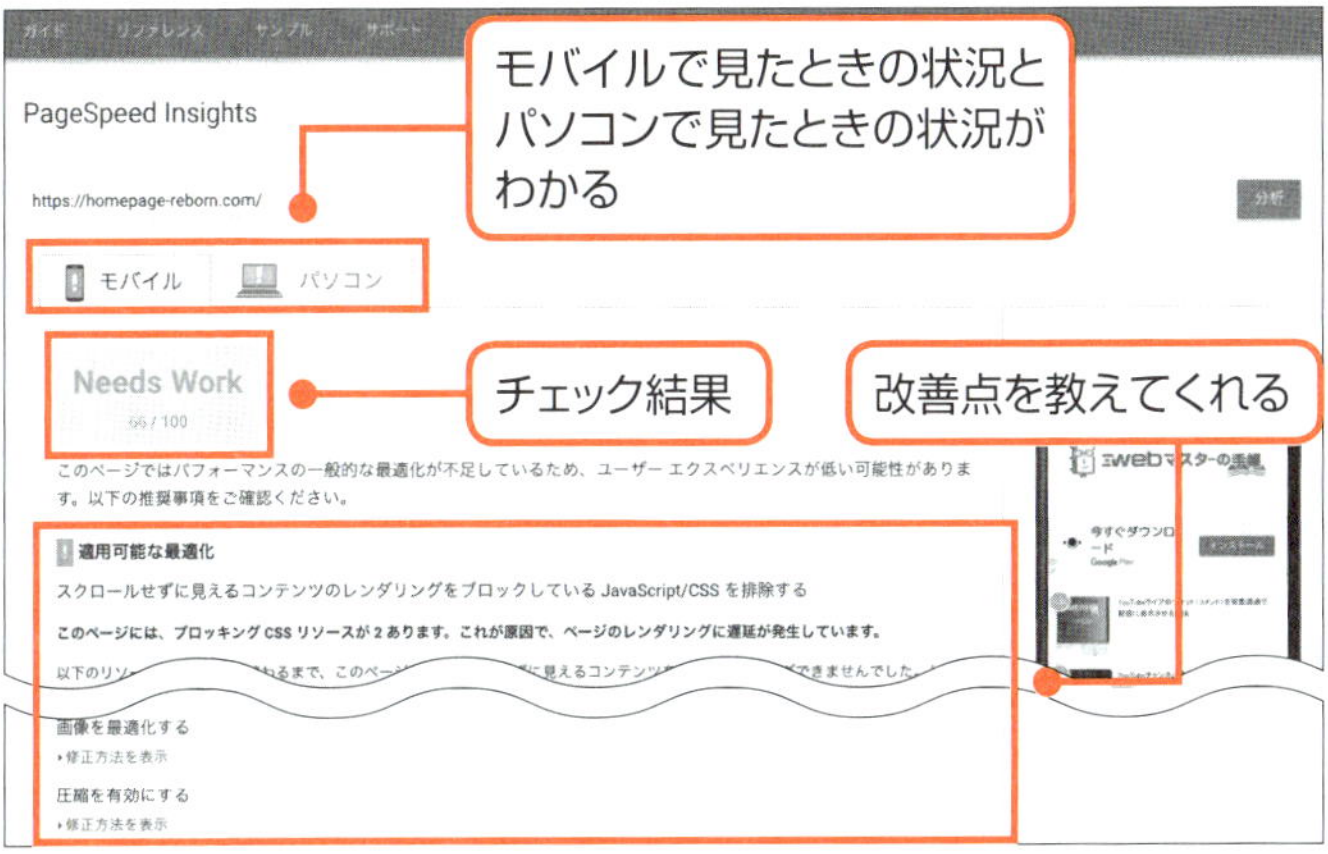

https://developers.google.com/speed/pagespeed/insights/

モバイルサイトの表示速度チェック

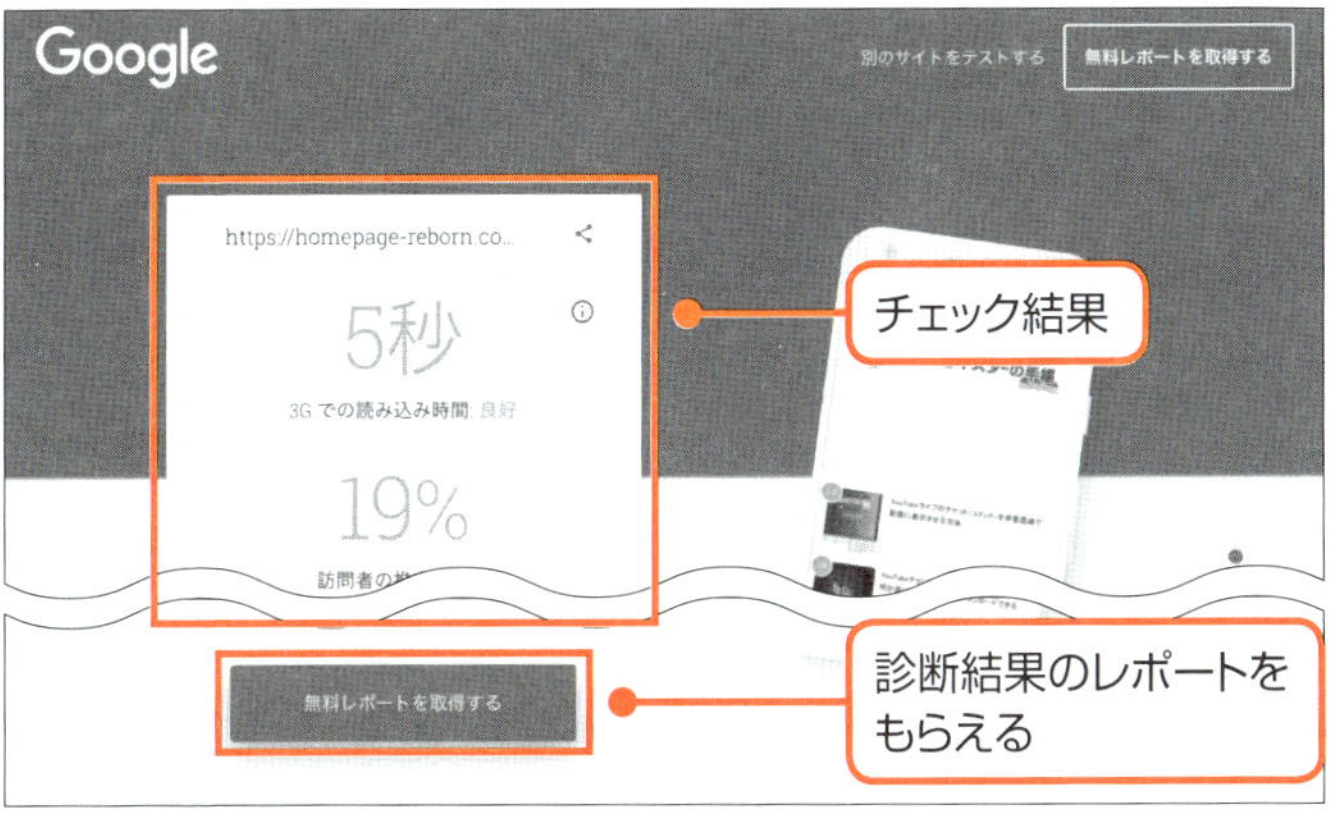

https://testmysite.withgoogle.com/intl/ja-jp

SECTION 20

Webサイトでのキーワードの取り入れ方

プラスα

Webサイトで「キーワード」を使う

上位表示を目指すためのキーワードは決まったが、次になにをするのでしょうか？答えは簡単です。そのキーワードについての情報を提供するWebページやWebサイトで、そのキーワードを使いましょう。特にWebページやWebサイトの**タイトルや見出しや本文などで、対応したいキーワードをしっかり使います。**

たとえば整体院のWebページで「場所＋整体」をキーワードとして利用する場合は、ページタイトルは「○○（場所名）にある整体院｜整体院名」といった具合にキーワードを使うのです。また、左ページの例のように、見出しも「治療」や「料金」とせず、「腰痛治療」「腰痛治療の料金」とキーワードを含ませます。本文でもこそあど言葉は使わずに「○○治療院は」や「腰痛治療では」などキーワードを使います。

　ただし、キーワードの使いすぎには十分に注意してください。**過剰にキーワードを使うのは逆効果**です。人が読んで、くどくない、しつこくない程度にしましょう。また、文章として違和感を覚えるような不自然な使い方もやめましょう。

　またリンクを貼る時も、リンク先Ｗｅｂページのキーワードを含めたテキストにリンクを貼るようにしましょう。

キーワードを使ってWebページを作る

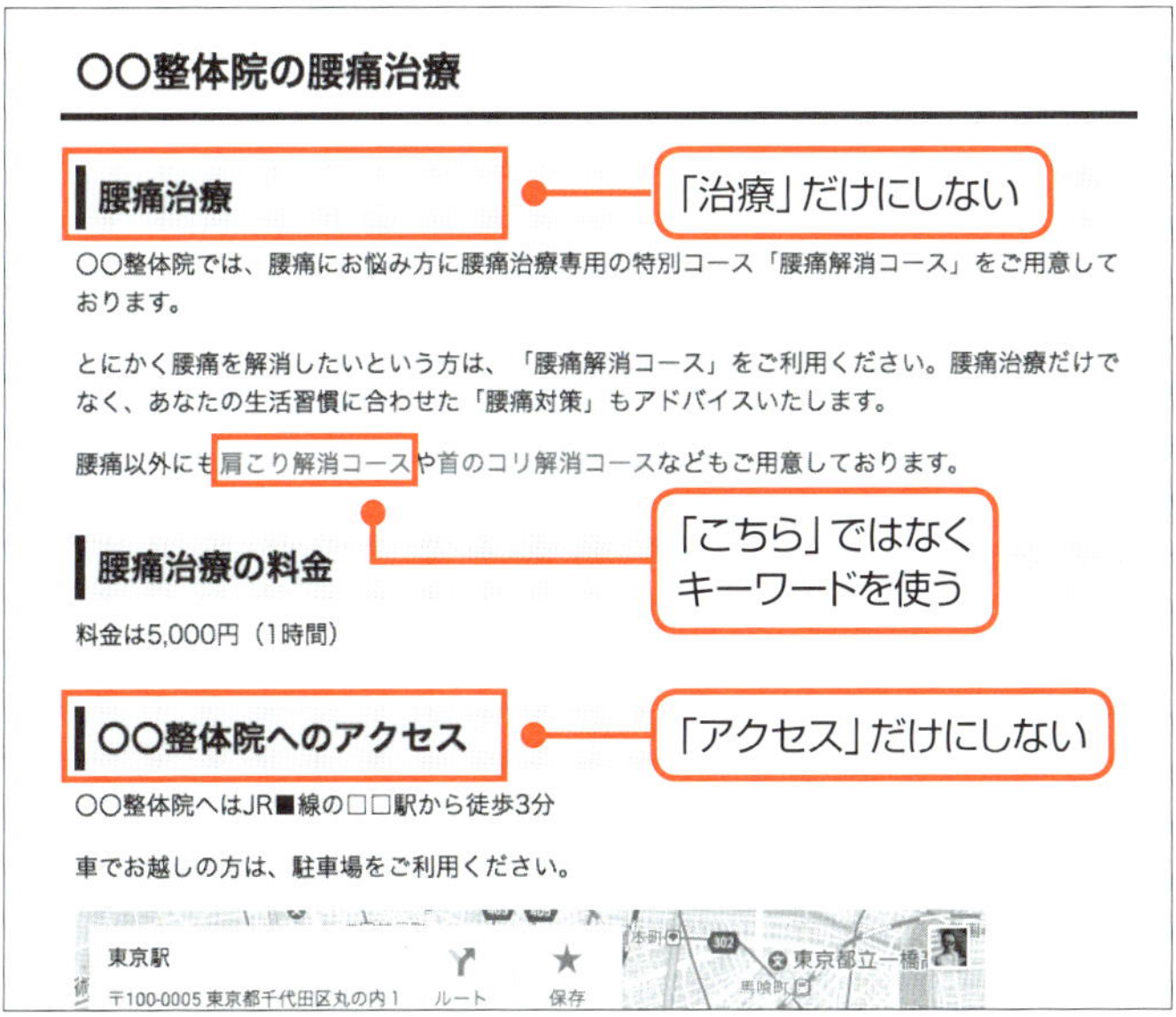
○○整体院の腰痛治療
腰痛治療
「治療」だけにしない
○○整体院では、腰痛にお悩み方に腰痛治療専用の特別コース「腰痛解消コース」をご用意しております。
とにかく腰痛を解消したいという方は、「腰痛解消コース」をご利用ください。腰痛治療だけでなく、あなたの生活習慣に合わせた「腰痛対策」もアドバイスいたします。
腰痛以外にも肩こり解消コースや首のコリ解消コースなどもご用意しております。
「こちら」ではなく
キーワードを使う
腰痛治療の料金
料金は5,000円（1時間）
○○整体院へのアクセス
「アクセス」だけにしない
○○整体院へはJR■線の□□駅から徒歩3分
車でお越しの方は、駐車場をご利用ください。
東京駅
〒100-0005 東京都千代田区丸の内１
ルート
保存

1ページに1テーマ

各Webページにキーワードを設定するときは、1つのWebページに設定するのは1つのキーワード（単語の組み合わせでも1つ）までにしましょう。1つのWebページにあれもこれもとキーワードを入れたくなってしまうかもしれませんが、絞れば絞るほど、そのキーワードが強化されるのです。

たとえば10枚のコインを持っていて、そのコインを使って、どのキーワードを強化する（枚数の多さで強さが決まる）のかを決めるとします。Webページに10個のキーワードを設定すると、それぞれのキーワードには1枚ずつしか割り振ることができません。しかし、キーワードを1つだけ設定していた場合には10枚のすべてを、1つのキーワードに割り振ることができて、それだけキーワードの強化が可能になるといったイメージです。

また、キーワードを1つに絞るということは、テーマを1つに絞るということなので、情報が分散してしまうことを防ぐことができます。

たとえば、腰痛の治療についてのページならば腰痛の治療についてだけ取り上げるべきです。読む人にとっては、腰痛の治療に知りたいのに、肩こりに効くストレッチ方法や美顔マッサージの方法などの情報は余計な情報で必要ありません。

このようにキーワードやテーマは絞れば絞るほど、より強いWebページになります。

1つのWebページに1つのキーワード

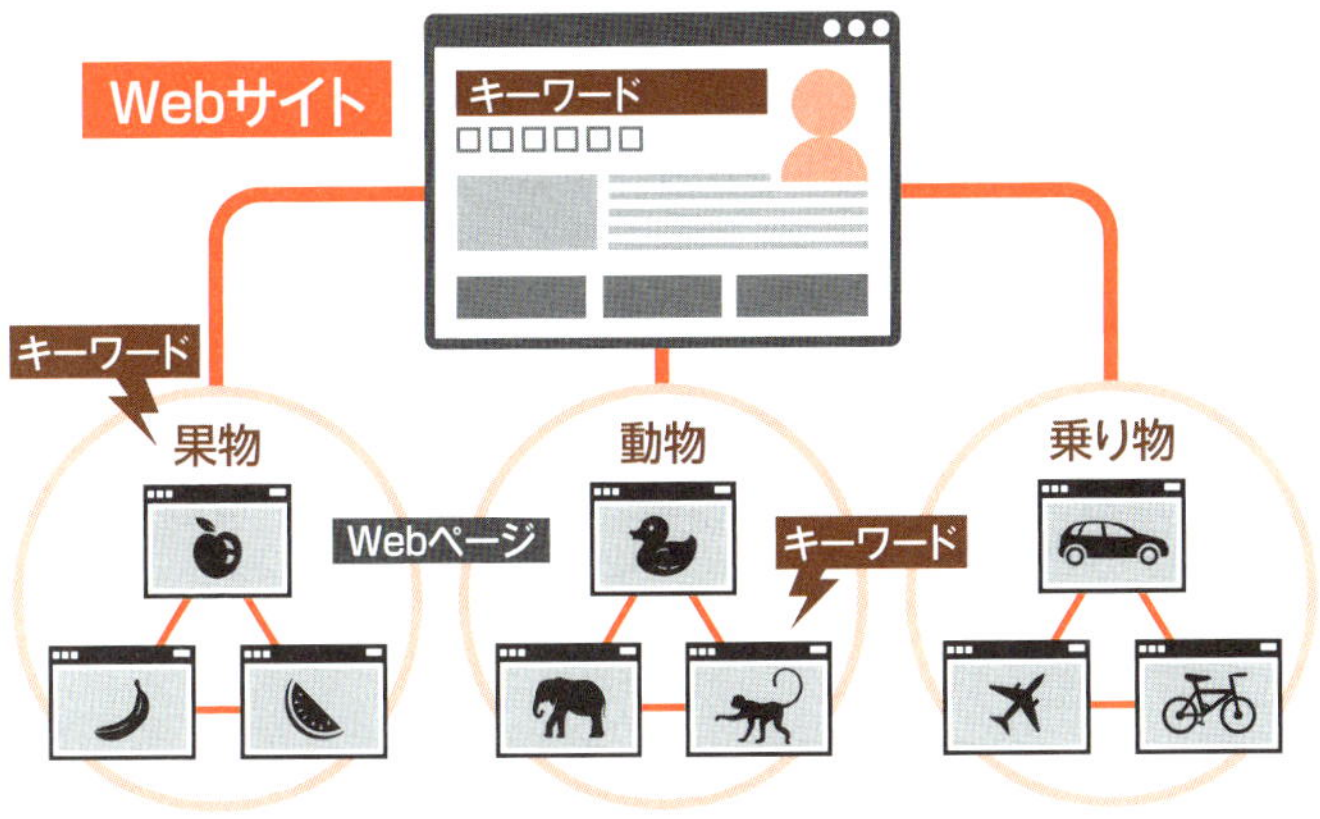

共起語や関連語も忘れずに

Ｗｅｂページでキーワードを組み込む際には共起語や関連語も忘れてはいけません。

共起語とは、特定の言葉を使う際に共に使われることが多い言葉です。日々の生活では共起語を意識することはほとんどありません。気を付けないと、共起語が抜けてしまい、不自然な文章になってしまいがちです。

たとえば、「整体」について説明する文章では「施術」や「矯正」「整体師」などの言葉も使われることが多いはずです。もっと簡単な例であれば、「りんご」の共起語には「果物」や「品種」「果実」などが挙げられます。

関連語は、イメージしやすいと思いますが、その言葉に関連のある言葉です。たとえば「整体」の関連語には「鍼灸」や「骨盤矯正」、「マッサージ」などが挙げられます。

Ｗｅｂページを作る際には、対策したいキーワードだけでなく、これら共起語や関連語が使われているかどうかも、必ずチェックしてください。ただし、どれも使っていればよいというわけではありません。**文章として意味を成している**こと、そして、**読み手の人にとって意味がある**（参考になる、役に立つ）ことが前提であることをお忘れなく。

なお、「共起語　調べる」「関連語　調べる」で検索すると、共起語や関連語を調べるツールが見つかります。

共起語と関連語

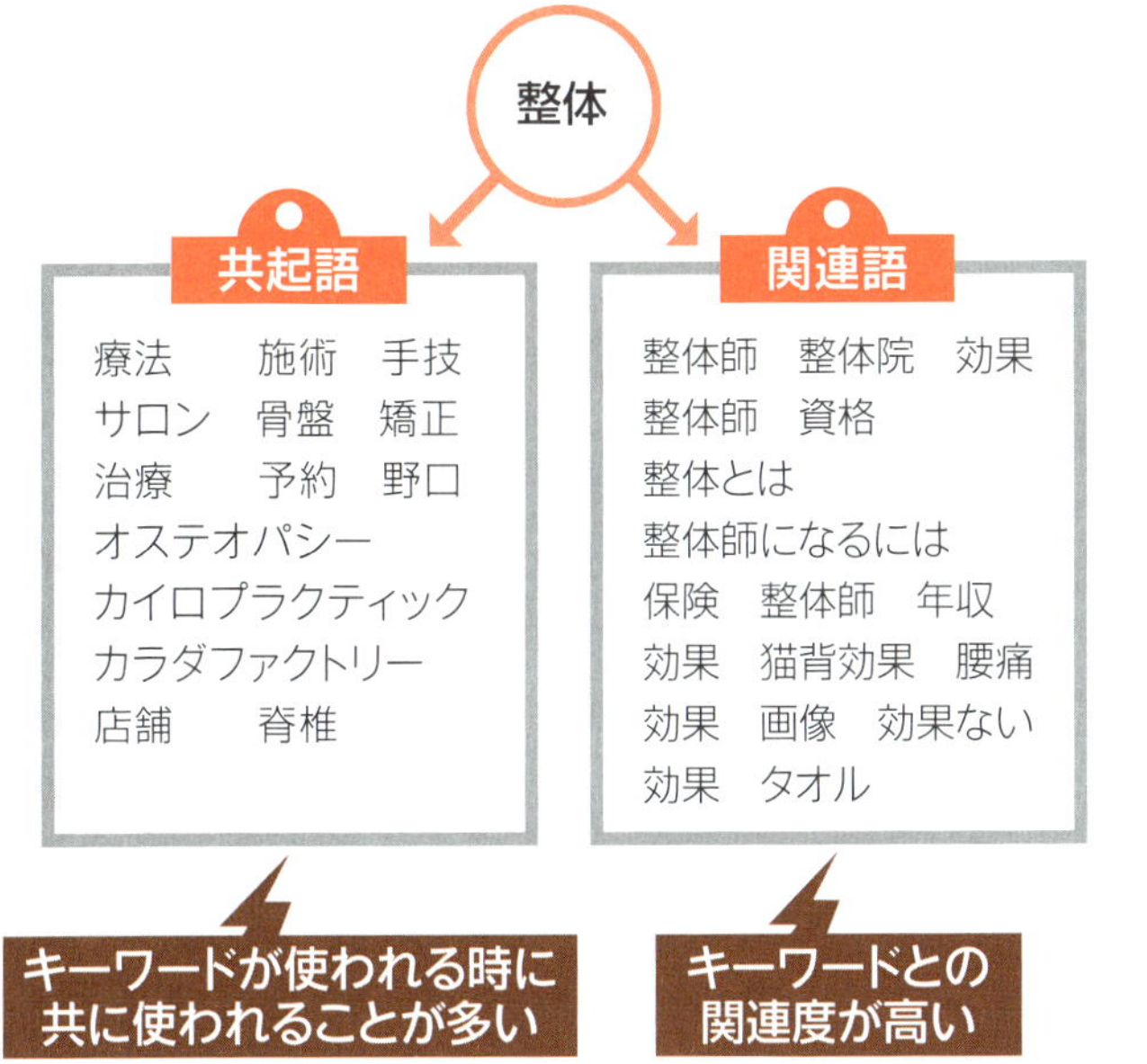

SECTION 21

プラスα

HTMLタグを正しく使う

正しいタイトルの付け方

タイトルはtitleタグ使って記述します。Webページのタイトルは検索結果に表示されるため、SEOにおいてタイトルはとても重要です。タイトル作成の際には、次の3つのことを意識してください。

1つ目は検索キーワードをタイトルの初めに使うことです。たとえば、「腰痛」をキーワードとする場合には「治療方法　腰痛」ではなく「腰痛の治療法」と、できるだけタイトルの最初でキーワードを使います。2つ目が文字数です。検索結果に表示されるタイトルの文字数に制限があり、表示される文字数の目安は32文字です。たとえば32文字以上のタイトルを付けると、32文字分だけ表示され、残りは「…」と省略されます。3つ目は、タイトルを読んだだけでWebページの内容がわかるようにしましょう。たとえば「治療法」だけでは、具体性がなく不親切です。「デスクワークの人にお勧めの腰痛治療法」のように、内容が一目でわかるようにしましょう。

titleタグ

・HTMLコード

<title>ペライチで作るホームページはSEOに強いのか弱いのか？ | WEBマスターの手帳</title>
<meta name="description" content="あるWEBクリエイターの方が「ペライチがSEOに弱い」との記事（以下、記事R）を公開されました。自分も拝読しましたが、誤解を与える内容だなと思ったので、ペライチにおけるSEOについて補足とともに見解を示しておきたいと思います。"/>

・結果

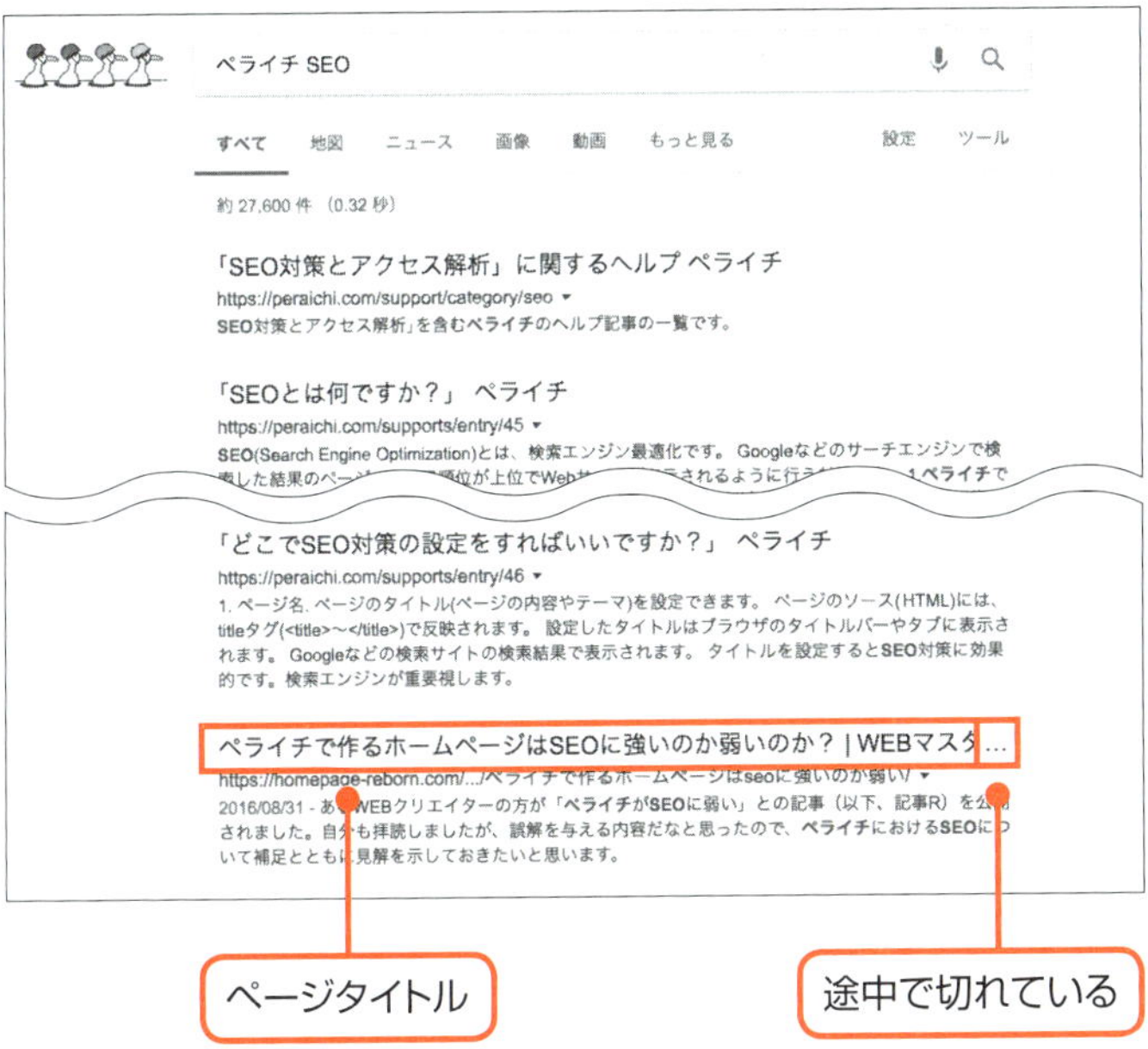

見出しタグの正しい使い方と書き方

Webページにおける見出しはSEOにおいて重要です。Webページには必ず見出しを入れるようにしてください。

見出しを入れるときは見出しタグ（見出し1：h1、見出し2：h2、見出し3：h3）を使います。見出し1が大見出しで、見出し2は中見出し、見出し3は小見出しと理解するとわかりやすいでしょう。

見出しは、その**あとに続く文章（または内容）を要約する明確なタイトル**を付けてください。また、見出しも、Webページのタイトルと同じようにキーワードを使うようにしましょう。もちろん、不自然な使い方はNGです。

注意点としては、見出しタグには使う際のルールがあります。それは使う順番です。見出し1のあとに見出し2を使わず、見出し3を使うのは、見出し2を飛ばしているので間違いです。順番を飛ばさないように十分に注意をしてください。ただし、話題を切り替える場合などで、見出し3のあとに見出し2を使うのはOKです。

なお、見出しタグを使うと文字が大きく、太文字になります。だからといって、**文字を目立たせるために見出しタグ使ってはいけません**。これは間違った使い方です。

見出しタグ

・HTMLコード

```
<h1>○○整体院の腰痛治療</h1>
<h2>腰痛治療</h2>
<p>○○整体院では、腰痛にお悩み方に<strong>腰痛治療</strong>専用の特別コ
ース「<strong>腰痛解消コース</strong>」をご用意しております。</p>
<p>とにかく腰痛を解消したいという方は、「腰痛解消コース」をご利用ください。
<br>腰痛治療だけでなく、あなたの生活習慣に合わせた「腰痛対策」もアドバイスいた
します。</p>
<p>腰痛以外にも<a href="#">肩こり解消コース</a>や<a href="#">首のコリ解
消コース</a>などもご用意しております。</p>
<h3>腰痛とは</h3>
<blockquote><p>腰痛(ようつう, Low back pain)とは、腰に痛み、炎症などを感じ
```

見出し1
見出し2
見出し3

・結果

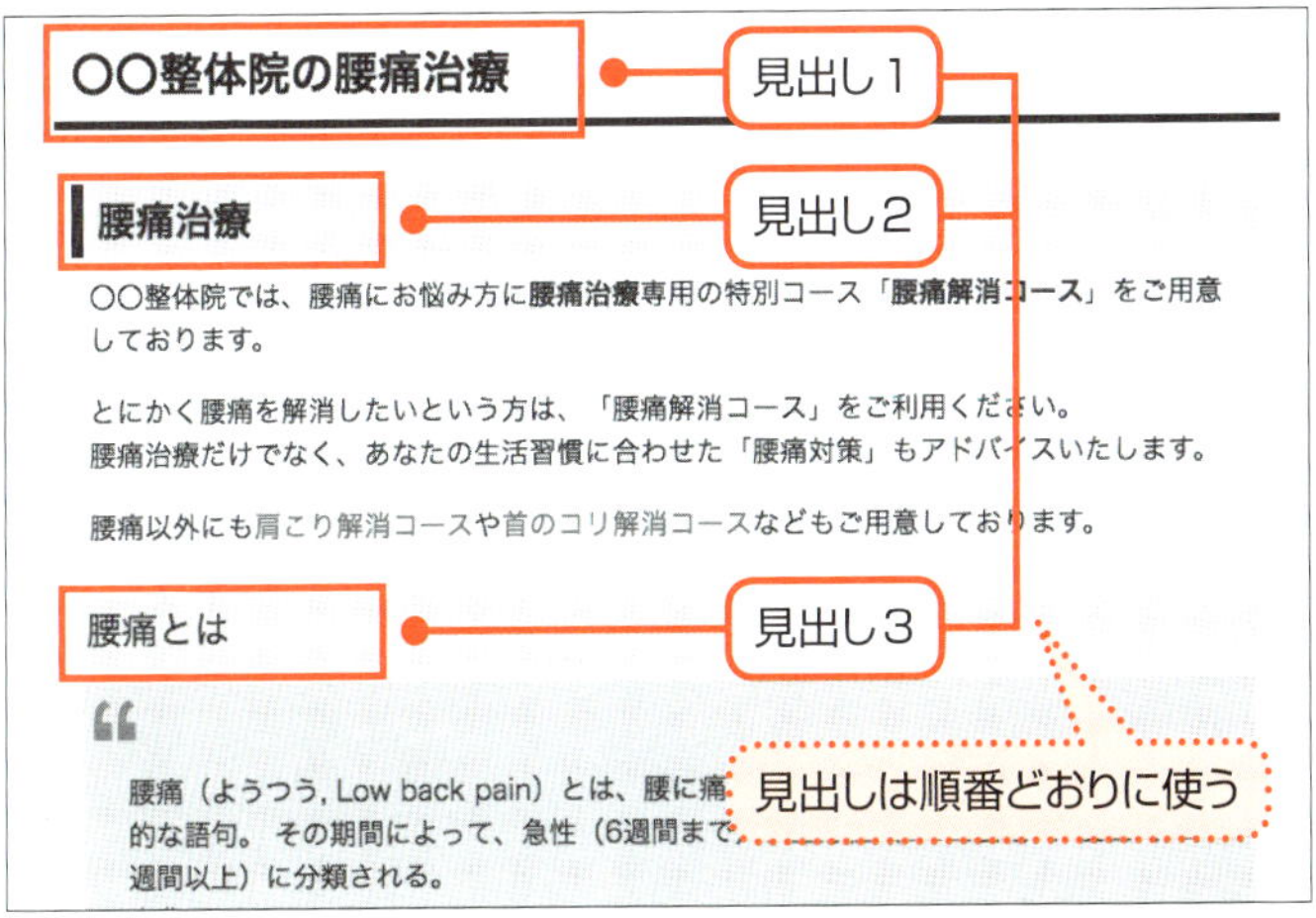

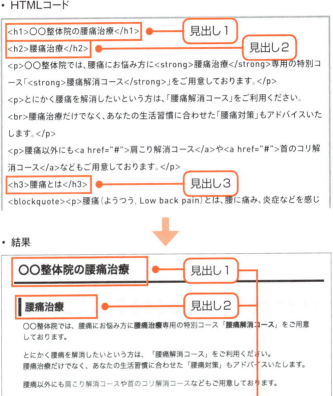

段落タグ・引用タグ・強調タグ

HTMLタグには、それぞれ意味があります。この**意味に沿って正しくHTMLを使うこと**はSEOの内部対策のひとつです。

たとえば段落タグ（pタグ）は、「<p></p>」で囲われたテキストがひとつの段落であることを意味します。引用タグ（blockqouteタグ）は、そのテキストが引用文であることを意味します。強調タグ（strongタグ、emタグ）は、囲ったテキストを強調する意味があります。

クローラーがあなたのWebページを読むときには、これらHTMLタグの意味も合わせて読んでいます。HTMLタグの意味に合わない使い方を行うと、とても読みづらいWebページになってしまうのです。

また、HTMLタグを使ってWebページの見た目（文字サイズや文字色など）を変更しようとすると、HTMLタグの本来の意味と合わない、不可解なWebページができ上がってしまいます。**見た目の変化のためにHTMLタグは使ってはいけません**。

Webページの見た目（装飾）を変えるときは、HTMLではなく、**CSS**と呼ばれる言語を使うことが原則です。

そのほかのタグ

- HTMLコード

```
<p>〇〇整体院では、腰痛にお悩み方に<strong>腰痛治療</strong>専用の特別コース「<strong>腰痛解消コース</strong>」をご用意しております。</p>
<p>とにかく腰痛を解消したいという方は、「腰痛解消コース」をご利用ください。<br>腰痛治療だけでなく、あなたの生活習慣に合わせた「腰痛対策」もアドバイスいたします。</p>
<p>腰痛以外にも<a href="#">肩こり解消コース</a>や<a href="#">首のコリ解消コース</a>などもご用意しております。</p>
<h3>腰痛とは</h3>
<blockquote><p>腰痛（ようつう, Low back pain）とは、腰に痛み、炎症などを感じる状態を指す一般的な語句。その期間によって、急性（6週間まで）、亜急性（6-12週間）、慢性（12週間以上）に分類される。<br>出典元：Wikipedia</p></blockquote>
<h2>腰痛治療の料金</h2>
```

段落タグ

強調タグ

改行タグ

引用タグ

- 結果

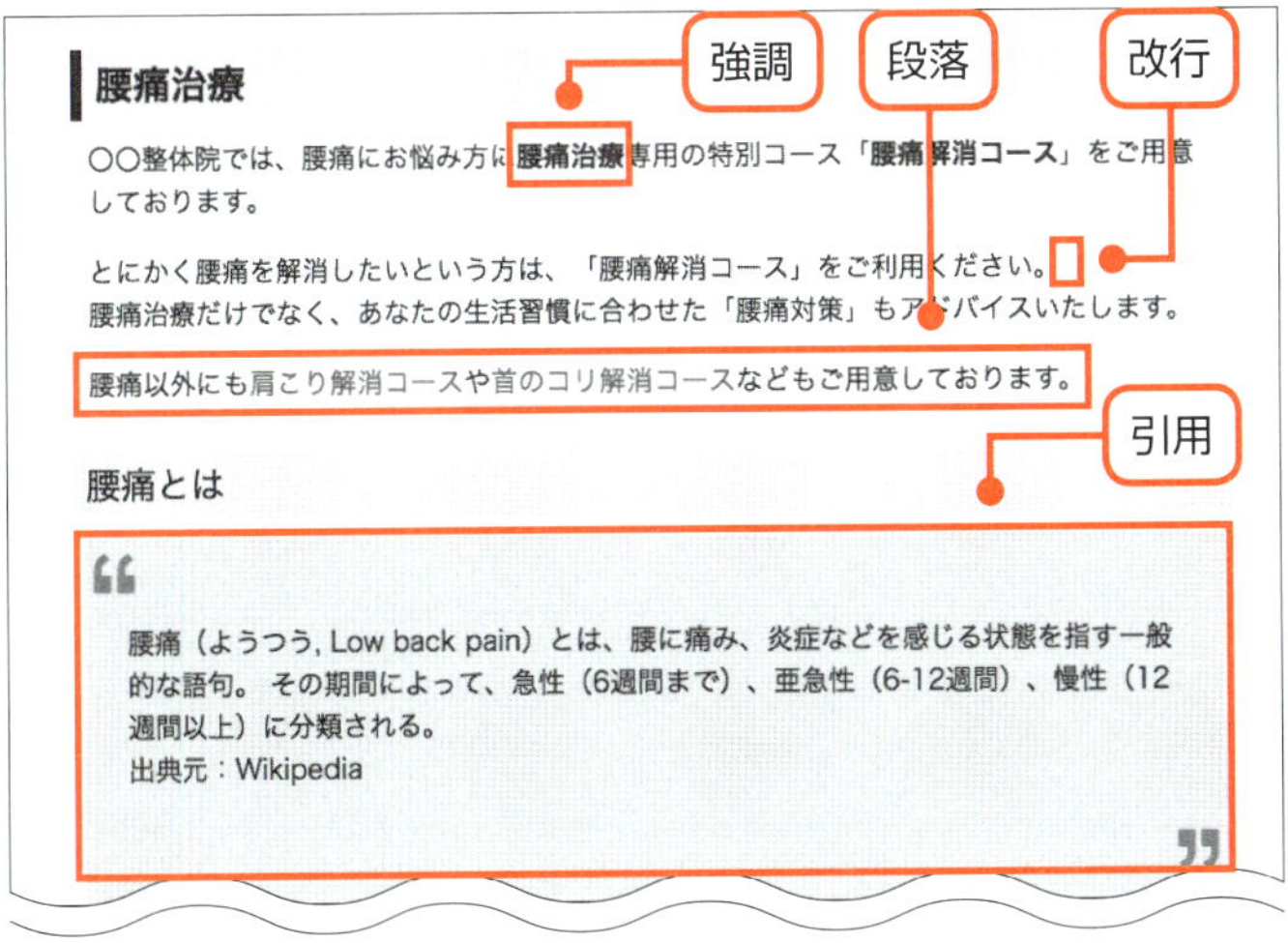

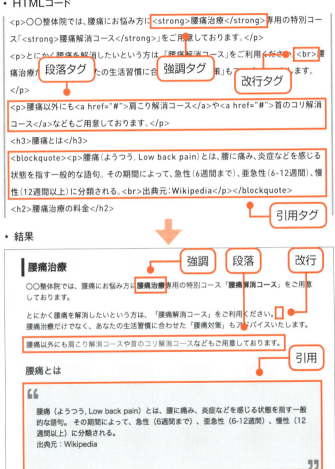

SECTION 22

Ｗｅｂサイトの概要を伝える

プラスα

meta descriptionタグとは

Ｗｅｂページにはmetaタグ（メタタグ）と呼ばれる、そのＷｅｂページの情報や設定をするためのＨＴＭＬタグがあります。

metaタグの内容はＷｅｂページ上には表示されませんが、その**Ｗｅｂページの情報を伝える役割**を持っている、とても大事なタグです。

中でも**meta description**（メタディスクリプション）は、Ｗｅｂページの概要を記載するためのメタタグで、検索結果に表示されます。ページタイトルの次にクリック率を左右する項目なので、必ず、それぞれのＷｅｂページの内容に合わせて、設定をするようにしてください。

「meta description」はＷｅｂページの「<head> </head>」の中に「<meta name="description" content="テキスト">」を書き込みます。この「テキスト」の部分に、Ｗｅｂページの概要を書き込みます。

meta descriptionタグ

• HTMLコード

<title>ペライチで作るホームページはSEOに強いのか弱いのか？ | WEBマスターの手帳</title>
<meta name="description" content="あるWEBクリエイターの方が「ペライチがSEOに弱い」との記事（以下、記事R）を公開されました。自分も拝読しましたが、誤解を与える内容だなと思ったので、ペライチにおけるSEOについて補足とともに見解を示しておきたいと思います。"/>

• 結果

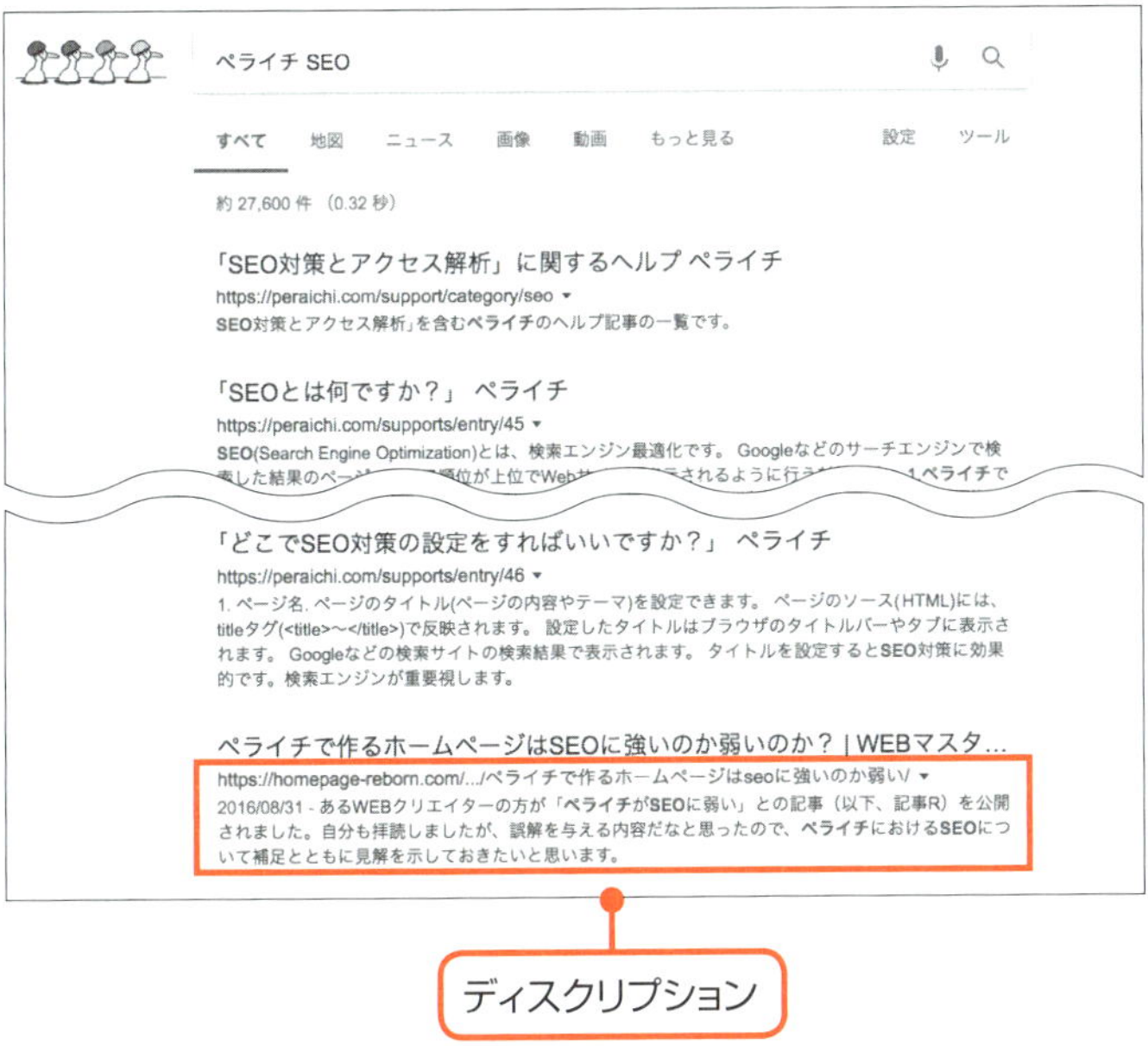

meta descriptionタグに記述する内容

「meta description」にはWebページの概要（説明）を書きます。Webページタイトルと同じく、検索結果に表示される文字数には制限があるので、100文字前後を目安にしましょう。

書く内容は、検索結果を見ている人に対して、話しかけるように、そのWebページに、どんなことが書かれているのか、そのWebページを読むとどうなるのかなど、そのWebページの簡単な説明（要約）を書きましょう。単語を羅列しただけはNGです。必ず文章にしてください。

「meta description」でも、そのWebページで対策をしたい検索キーワードを取り入れることが有効です。この時も**文章の前半に検索キーワードを使う**とより効果的です。もちろん検索キーワードを使うために不自然な文章にならないように十分に注意をしてください。そのWebページの説明を、キーワードをうまく取り入れながら書くのがベストです。またWebページだけでなく、Webサイトのトップページにも同じように「meta description」を設定することをお忘れなく。

meta descriptionタグ

- HTMLコード

```
<title>ソーシャルメディアとSNSは違う。この認識がソーシャルメディア活用の成果で大きな差を生んでいるかも。| WEBマスターの手帳</title>
<meta name="description" content="ソーシャルメディアとSNSとを混同している人の方が多いかと思います。ソーシャルメディアとSNSは同一ではありません。先に自分の解を提示すると「ソーシャルメディアの内の１つ（構成要素の１つ）としてSNSがある」です。" />
```

- 結果

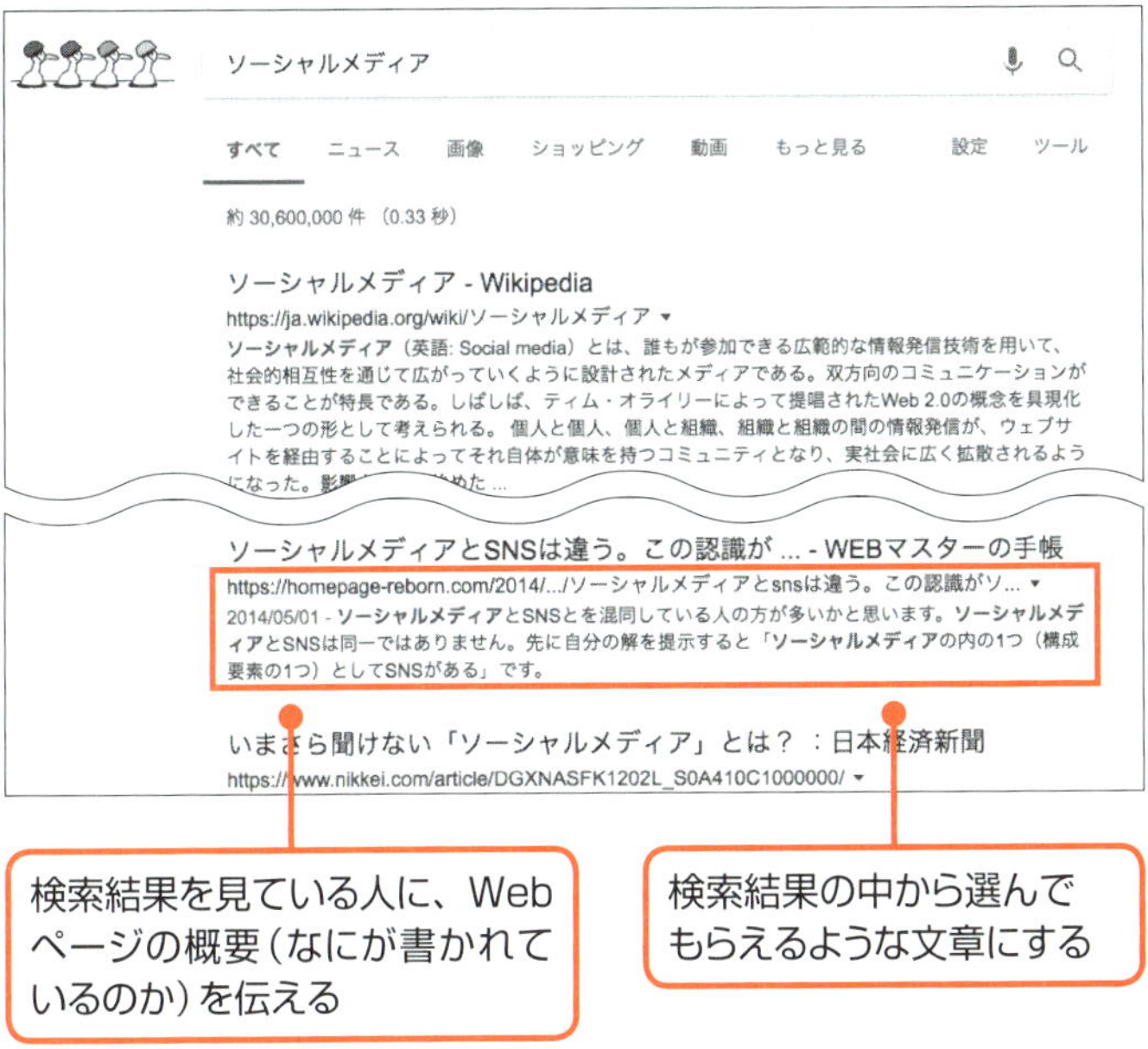

SECTION 23

Webサイトの外部対策

プラスα

被リンクは「口コミ紹介」

SEOの外部対策とは、多くの被リンク（外部のWebサイトから貼られたリンク）を獲得することです。被リンクがSEOにおいて重要な項目であることは、今も昔も変わりはありません。

しかし、間違ったやり方をすると低評価に直結するので、外部対策には十分に注意を払いながら取り組む必要があります。まず被リンクとはなにかを理解しましょう。

被リンクとは、Web上の口コミ紹介です。口コミ紹介を多くされている商品の方が、評価は高くなりやすいのと同じく、多くの口コミ紹介（被リンク）を得ているWebページは評価が高くなりやすいということです。

より多くの被リンクを獲得するには、より多くの人にWeb上で、あなたのWebページやWebサイトを紹介してもらう必要があります。

しかし、外部に働きかけて、リンクを貼ってもらうということではなく、自然に口コ

ミ紹介を増やさなければなりません。そのためには、友達にも紹介したいと思ってもらえる「Webページ（コンテンツ）」を作る必要があります。

つまり、現在においてSEOの外部対策は、**良質なコンテンツ（Webページ）を作ること**です。顧客（顧客になりうる人）にとって、役に立つWebページ、Webサイトを作ることで、自ずと被リンクは増えていきます。そして、こうした**自然発生する被リンクだけが、SEOで有効**なものになります。

役に立つと評判を呼びリンクが増える

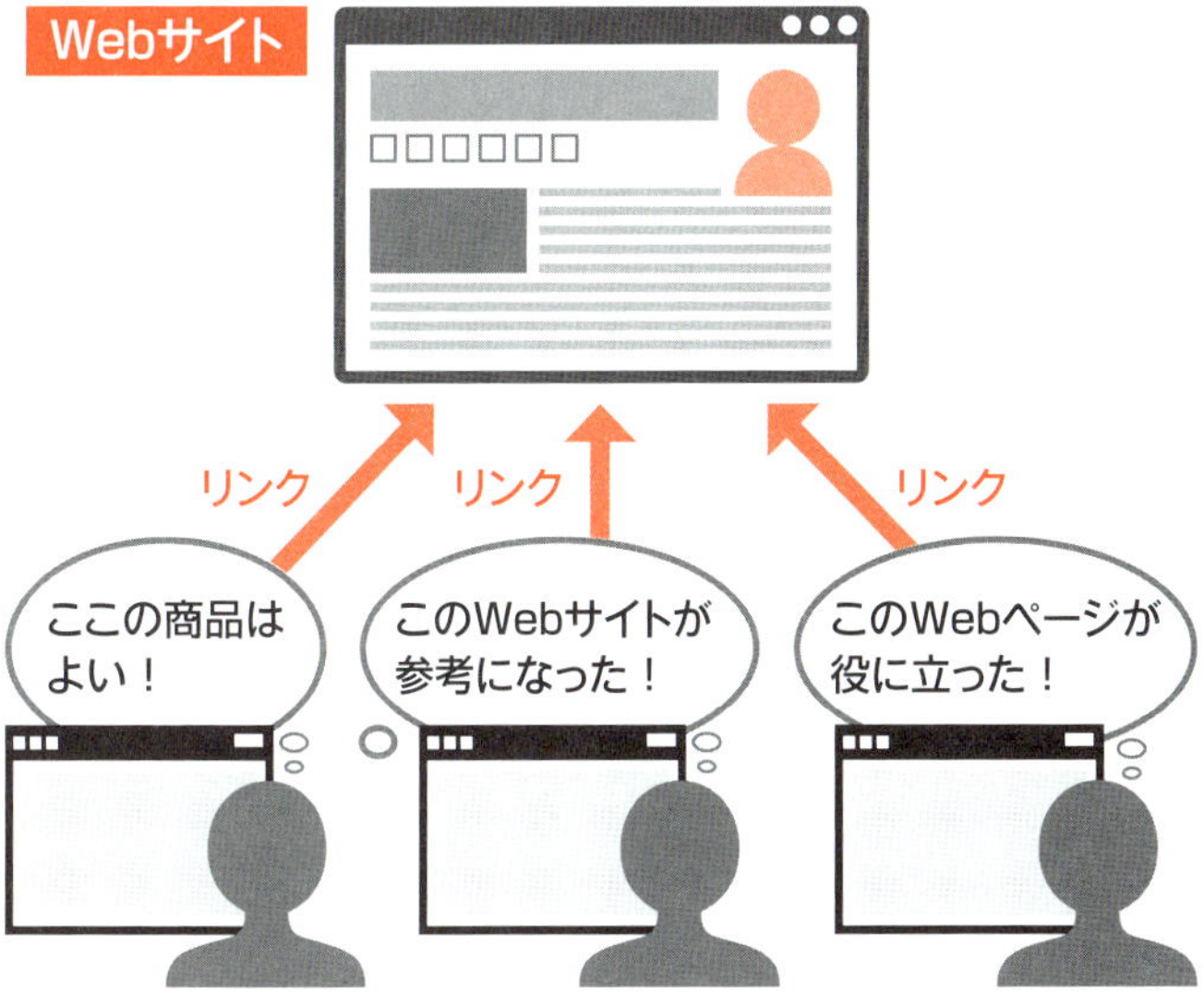

被リンクの自作自演は絶対にダメ

被リンクが口コミ紹介であると考えると、誰かに頼んだり、報酬を支払ったりするようなリンクの増やし方は、「やらせ」や「サクラ（仕込み）」と同じであり、それが、正しいやり方ではないことがわかると思います。被リンクを得る方法は「紹介されるWebページ」を作る以外にはありません。

友人や知り合い同士で、**お互いのWebサイトでリンクを貼りあう（相互リンク）のも止めましょう**。大量の被リンクを貼ってくれるようなサービスも利用してはいけません。こういったリンクを貼り合うグループは、そのグループごとペナルティを受けるという事例も出ていますので、百害あって一利なしです。

またWebサイトへ被リンクを貼ることを目的に、外部にWebサイトを作ったり、Webページを量産したりして、**被リンクを自作自演するのも止めましょう**。

外部に別のWebサイトを作る場合、そのWebサイトを作る理由を考えてみてください。もし、それがSEO目的で、SEOの役に立たないのなら必要がない場合、そのWebサイトを作るのは止めた方が健全です。そういったブラックなやり方ではなく、ホワイトでクリーンな外部対策に取り組んでください。

自作自演はNG

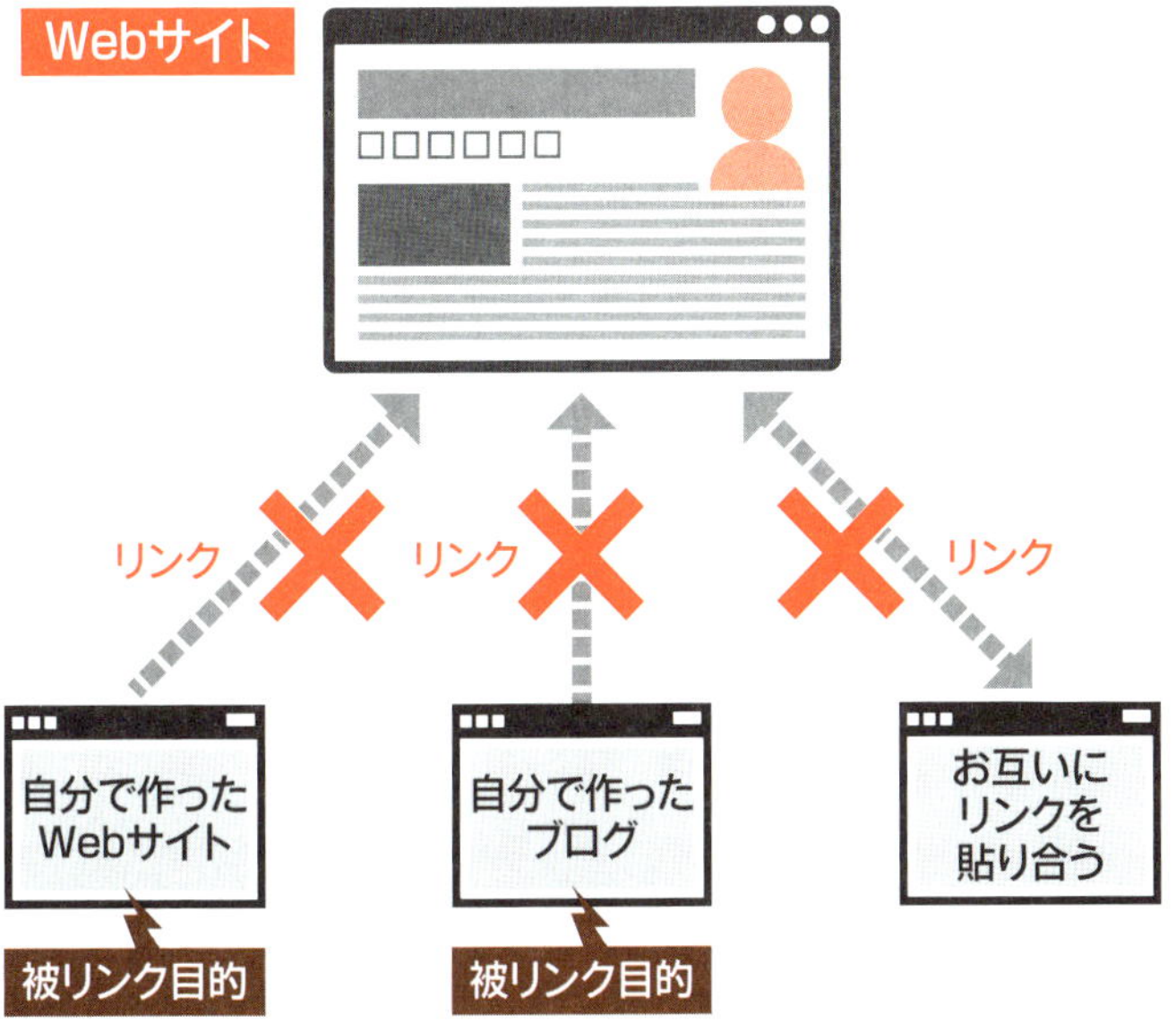

SUMMARY

- なりすましたり、自作するのはペナルティの対象
- 被リンクを増やすためにWebサイトは作らない

SECTION 24

SEOでのブログ活用

プラスα

ブログを活用して良質なWebページを作る

あなたのWebサイトにWebページをどんどん追加していくことができるのなら、積極的に、顧客にとって役に立つWebページを増やしていきましょう。

ページを増やすことが難しい場合、**ブログを活用すること**をお勧めします。ブログを使うことで、手間が軽減されるだけでなく、Webページの整理もしやすくなります。

ブログを使う場合、「abc.com/blog」のように、**あなたのWebサイト内にブログを設置することが理想**です。Webサイト内にブログを設置することによって、ブログ記事へ被リンクを貼られた時に、あなたのWebサイトの評価につながります。外部のブログサービスを利用してURLが変わってしまうと、Webサイトの評価への影響は弱くなってしまいます。

また、ブログを使うことで、Webサイトでは対応しきれない検索キーワードに対しても柔軟に対応していくことも可能になります。

ブログは同じURLに

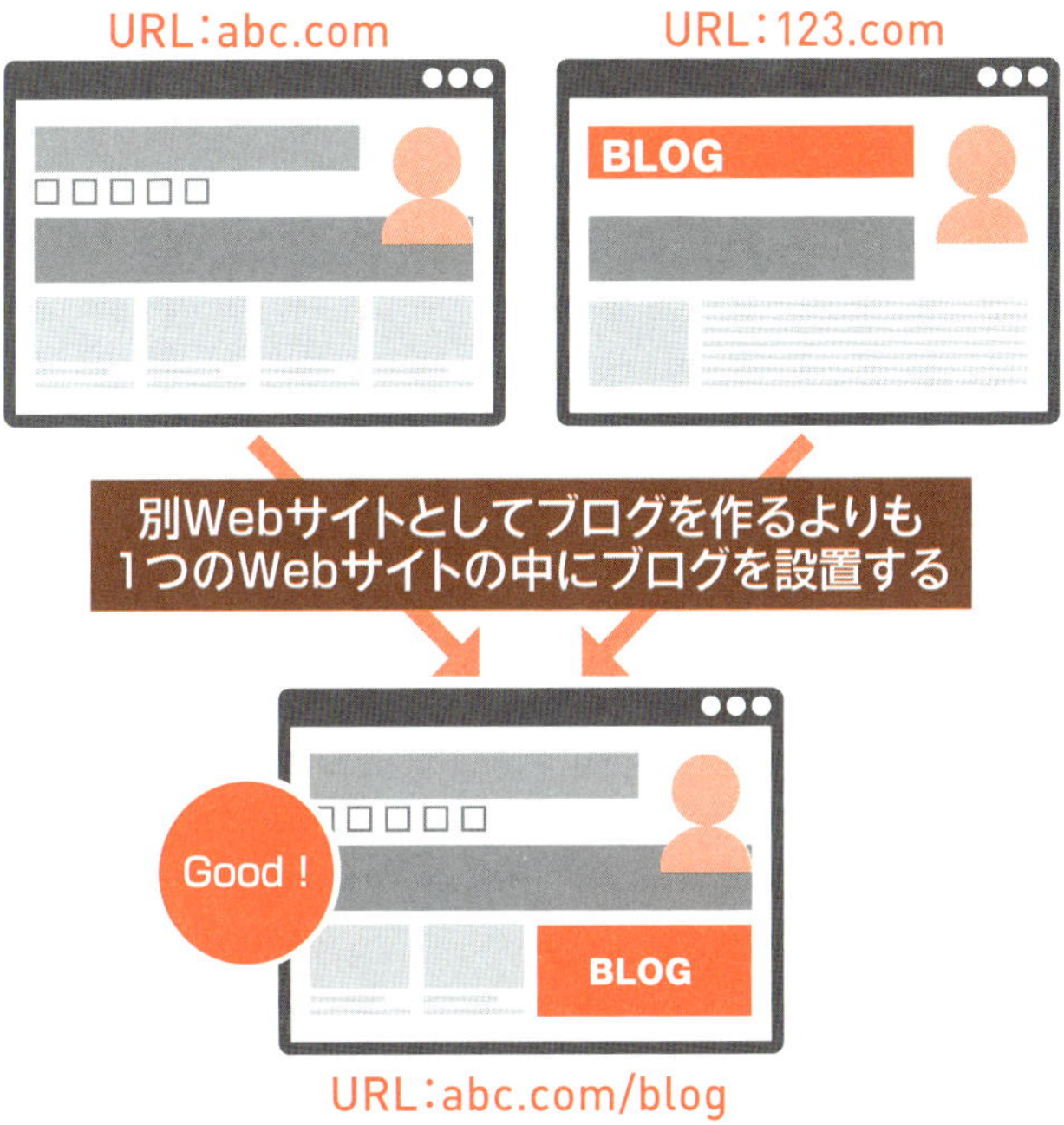
URL：abc.com
URL：123.com
BLOG
別Webサイトとしてブログを作るよりも
1つのWebサイトの中にブログを設置する
Good！
BLOG
URL：abc.com/blog

ブログへのリンク

トップ Top
自己紹介 Introduction
サービス内容 Service
無料メール相談 Consultation
ブログ blog
問い合わせ Contact
Webサイトの中に
ブログを作る
Webサイトの保守運用
SNSの企業アカウント運用
企業ブログ プロデュース

魅力的なＷｅｂコンテンツを提供する場としてのブログ

ブログと聞くと「日記」（社長ブログやスタッフブログ）を思い浮かべるかもしれませんが、それは一昔前の話です。

ここ数年でオウンドメディアと呼ばれる、各企業が自分たちで運営をしているブログやＷｅｂメディアに注目が集まりました。これは社長の日記を公開するためではなく、企業が顧客の興味関心があるテーマで良質なコンテンツを提供することが重視されたためです。

これはＧｏｏｇｌｅのパンダアップデートやペンギンアップデートにより、役に立つＷｅｂページを提供することが必要になったことが要因のひとつです。

それに伴い、Ｗｅｂにおいて魅力的なコンテンツを提供する場として、企業は「ブログ」を使うようになりました。自分たちの顧客に合わせて、役立つ情報や参考になる情報を提供することができるからです。

また、ブログの仕組みを使えば、一般的なＷｅｂサイトに比べて、Ｗｅｂページの修正や更新などの管理だけでなく、Ｗｅｂページの作成を簡単に行うことができます。自分たちで多くのＷｅｂページを公開することができれば、それだけ幅広くキーワード対策をすることができます。１つのページですべてを説明するのが難しい場合でも、簡単にページをいくつでも作れる「ブログ」を使えば、ひとつひとつのブログ記事で細かく、丁寧に情報を提供しやすいので、より「良質なＷｅｂページ」を作りやすいともいえます。

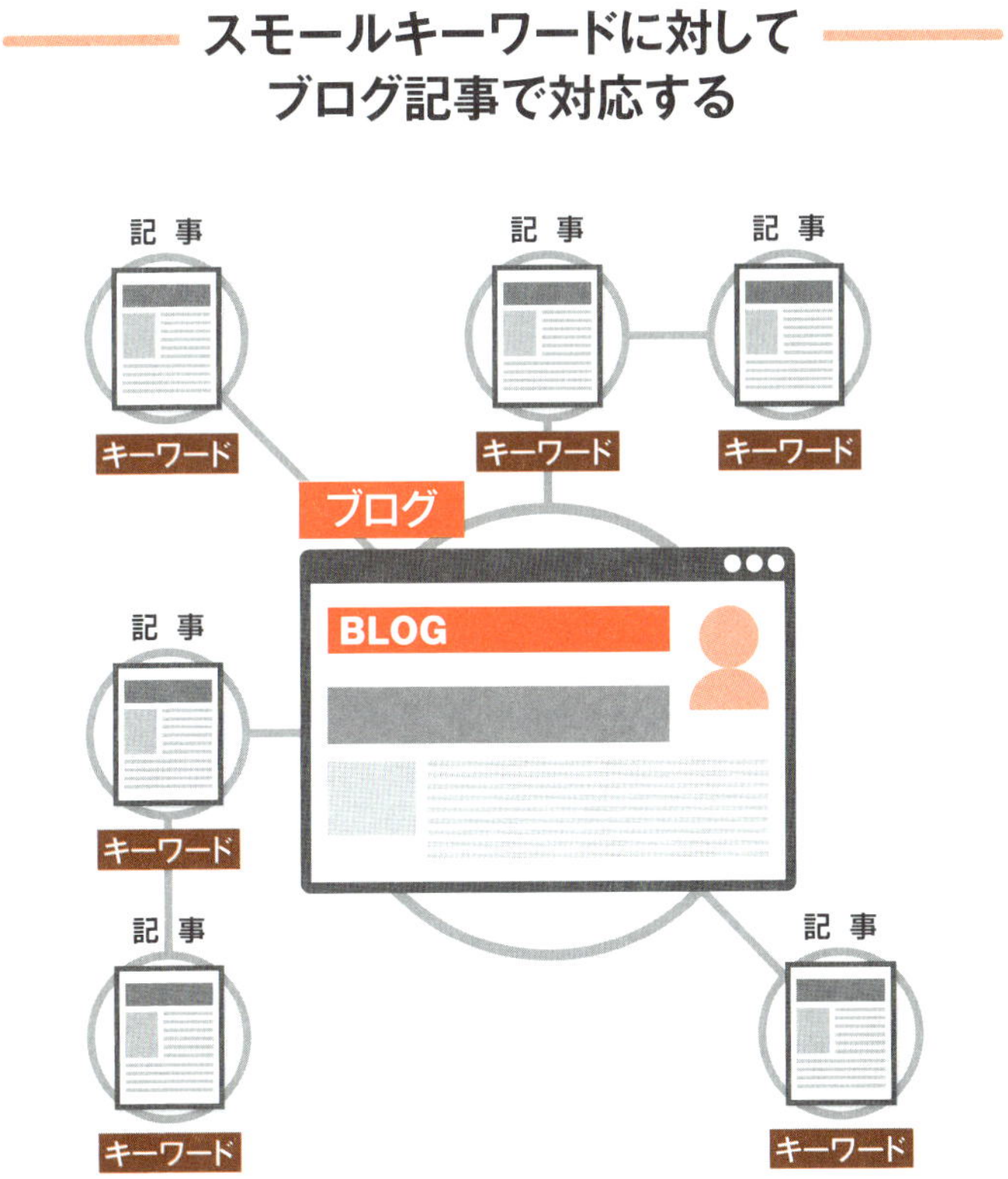

COLUMN

WordPressを使うことがSEO対策なのか

被リンクありきのSEOに終焉が訪れ、Webページ（Webコンテンツ）の品質が重要視されるようになったことで、企業ブログなどの「オウンドメディア」（自社所有のメディア）に注目が集まりました。そして、ブログを作るのに最適とされるCMS（コンテンツマネージメントシステム）のひとつであるWordPress（ワードプレス）の利用が広がり、加えて、WordPress はSEOにも適しているとして注目が集まりました。

WordPressは構造的にSEOに取り組みやすいのですが、選ぶテーマ（テンプレート）によって、HTMLの使い方などに違いがあるため、SEOの成果にも大きな差が表れます。また、WordPressを使っても、Webページの内容が乏しかったり、キーワード対策ができていなかったりすれば、SEOの成果にはつながりません。高いポテンシャルはありますが、それを引き出せるかどうかは利用する人次第です。また、サーバー管理やハッキング対策なども必要となるので、知識のない人が安易に手を出すのはお勧めしません。

4章

誠実なSEOが成功への道

SECTION 25

SEOに焦りは禁物

プラスα

SEOの効果はいつ現れるのか

SEOは今日やって、明日、成果が出るものではありません。6ヶ月後（早くても3ヶ月後）に、取り組みの結果が見えてきます。初めてSEOに取り組んだ人は、じっと待っていられないかもしれません。しかし、結果が出ていない段階で、あれやこれやと新しい対策を行ってしまうと、どの取り組みがよかったのか、またどの取り組みが悪かったのかを判断するのが難しくなってしまいます。

そのままにしておけば上位表示につながるのに、待ちきれずに変えてしまったことで上位表示できなくなってしまうことがあります。また、すぐに上位表示したからといってぬか喜びをしてはいけません。なぜなら検索結果の順位は、上下変動を繰り返しながら、徐々に安定していくものだからです。

SEOでは、Webページやwebサイトに手を加えたら、一定期間は様子を見るようにしましょう。2～3日後に順位が変わっていないからといって、その取り組みはダメだったと時期尚早の判断をしてはいけません。

　また、SEOは、評価を積み重ねるものですので、1つの取り組みだけでは成果につながらなくても、ほかの取り組みとかけ合わさって成果につながることもあります。よほど順位が大きく下落したなどがない限りは焦らず、じっくり様子をみましょう。

　また、取り組む前の表示順位を記録しておきましょう。そして週に1回ほど、表示されている順位を記録しておきましょう。記録しておかないと、順位の変動を振り返ることや、安定したかの判断を下すこともできません。

一喜一憂しない

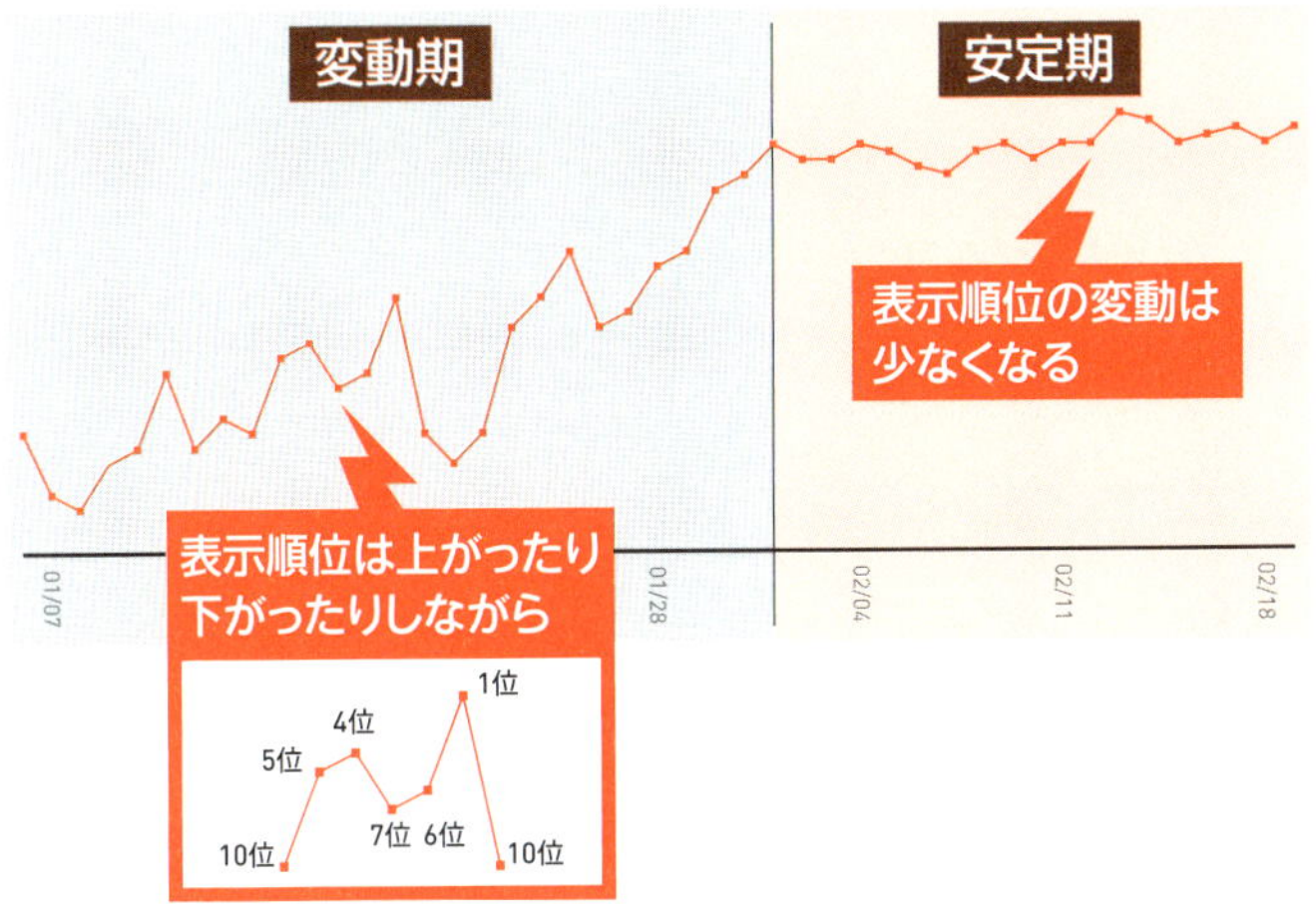

Webサイトがある限りSEOに終わりはない

SEOに終わりはありません。一通りのことはやったから、SEOは完了！ということはありえません。今よりもよりよい状態を目指して、**つねに改善をし続けてください。**上位表示ができたからといって、油断は禁物です。

上位表示が達成できたとしても、その後、ずっと上位表示され続けるという保証はないのです。検索エンジンのアップデートがあって、影響を受けるかもしれません。家でも車でも、道具でも「手入れ」は必要ですよね。WebページやWebサイトも、なにもせずに放置してしまった結果、気が付いたら、順位が下がってしまった（競合に追い抜かれていた）というのは、よくある話です。

検索結果に表示される順位は、相対評価でもあります。あなたのWebサイトだけが検索エンジンの対象ということはありません。競合のWebサイトが、あなたのWebページやWebサイトよりも高い評価を得た場合、あなたのWebサイトの順位が下がって、競合のWebサイトが上位に表示されることになります。SEO対策は常にほかのWeb

サイトとの競争なのです。
仮に1位に表示されたとしても、**1位表示を維持できるように、改善の手を緩めることなく、SEOを継続していく**必要があります。

あなたがSEOの取り組みを止めるときは、あなたのWebページやWebサイトを削除するときか、上位表示を目指すこと諦めたときだけです。

一通りのSEO対策をした後

競合Webサイトに追い抜かれていない？
ほかの検索キーワードに対応しなくてもよい？
検索結果での表示回数とクリック数は？
改善できるところはない？
もう直せるところはない？

検索結果に確定はない！
変動するものだと理解して！

SECTION 26

まずは今あるWebサイトを修正していく

プラスα

まずはすぐにできる改善から始める

SEOに取り組み始める際には、Webサイトのリニューアル（作り直し）や新しいWebサイトを作るなど、急激に変えようとするのではなく、まずは**今あるWebサイトで改善できるところを改善する**ことから始めましょう。

10年以上前の古い作り方でWebサイトが作られている、Webサイトの作りがぐちゃぐちゃで手が付けられないなどの相当な理由がない限り、**いきなりリセットして、ゼロからやり直すのは得策ではありません**。ゼロからやり直した方が効率的な場合もありますが、大きな変更は、十分に注意をして行わないと、検索結果での表示順位を下げてしまうこともあり、これまでの時間や労力が無駄になる恐れがあります。

なお、SEOでは、それぞれのURLに対して評価が付けられるので、今まで使っていたURLを捨てて、新しいURLに変えるということは、これまでの評価を放棄することになり、相当のリスクを伴います。

今あるWebページやWebサイトが、ちょっとした修正だけで、高い評価を得られるポテンシャルを持っている可能性も十分にあります。

まずは今あるWebページやWebサイトでSEOに取り組み、できることをやりきったあとで、それでも成果が出ない、または、さらによくしたいということであれば、リニューアル(作り直しなど)の大幅なテコ入れを行うステップへ移行することをお勧めします。

SUMMARY

- 大きい変化は反動も大きいので安易にリセットしない
- 今できる小さい改善から始める

できることからコツコツと

SEOに取り組むのは自分には難しそうだと思う人もいるかもしれませんが、専門家でなくとも、十分に取り組むことはできます。SEOで大事なことは、**Webページや Webサイトに訪問した人が満足してもらえるか**です。

専門家でも1回で完璧にSEOができることはありません。いろいろと**修正・改善を繰り返す**ことでゴールに向かって行くものです。一度にすべての面で完璧を目指すのではなく、今、あなたが、わかるところ、できるところから始めてみましょう。

まずは見出しを見直してみたり、使っている画像のサイズが大きすぎないかをチェックしてみたり、search consoleにWebサイトを登録してみるのもよいでしょう。小さなことから始めましょう。そして、あなたの顧客はどんな人なのか、あなたのWebページやWebサイトが、どんな言葉で検索をしたときに上位表示されたらよいのか、などを考えてみるとよいでしょう。

もちろん考えているだけで、WebページやWebサイトに反映させなければSEOではありませんが、まずは最初の一歩を踏み出して、SEOに取り組み始めてみてください。**少しずつでも進んでいくことで、確実にSEOでの成果に近付いていく**ことができます。

SEO対策チェックシート

1 あなたのWebサイトの現状を確認する

- Serach ConsoleにWebサイトを登録する
- インデックスされているのか
- どの検索キーワードで表示されているのか
- どれくらい検索結果でクリックされているのか
- モバイル対応ができているか
- Webページの表示速度を確認する

2 改善点を見つける

- Webサイトに掲載している内容の見直し
- Webサイト、Webページのタイトルの見直し
- 対策をする検索キーワードの見直し

3 修正をする

- 改善点に優先順位を付ける(重要度で判断)
- 改善点に対して、今できることから始める
- 修正結果の判断は慌てない

SECTION 27

Webサイトの現状把握も忘れずに

プラスα

Googleアナリティクスとは

Googleが無料で提供しているGoogleアナリティクスという分析ツールを使うと、Webページや Webサイトに訪問した人が、いつ何人いたのか、どれくらいの時間、滞在していたのか、などの情報を得ることができます。

たとえば、商品の解説ページに来た人が数秒でWebサイトから離れていたとしたら、顧客にとって、その商品ページが期待していたものとは違っていた、つまり役に立っていない可能性もあります。また、検索結果で上位表示をしているのにWebサイトを訪問している人がほとんどいなかったり、見て欲しい「商品ページ」を見ている人がほとんどいなかったりなど、改善をする上で有益な情報を得ることができます。

ただしGoogleアナリティクスには、あなたのWebサイトのデータを集計するた

めの時間が必要です。より効果的な改善に取り組みたいと思ったときに、Webサイトのデータが集計できていないと、そこから集計をし始めなければならず、時間を無駄にしてしまいます。また1年前はどうだったんだろう?と思っても、1年前にデータを集計していなければ、そのデータを見ることはできません。**できるだけ早いうちからGoogleアナリティクスに登録して、データの集計をしておく**ことをお勧めします。

Googleアナリティクス

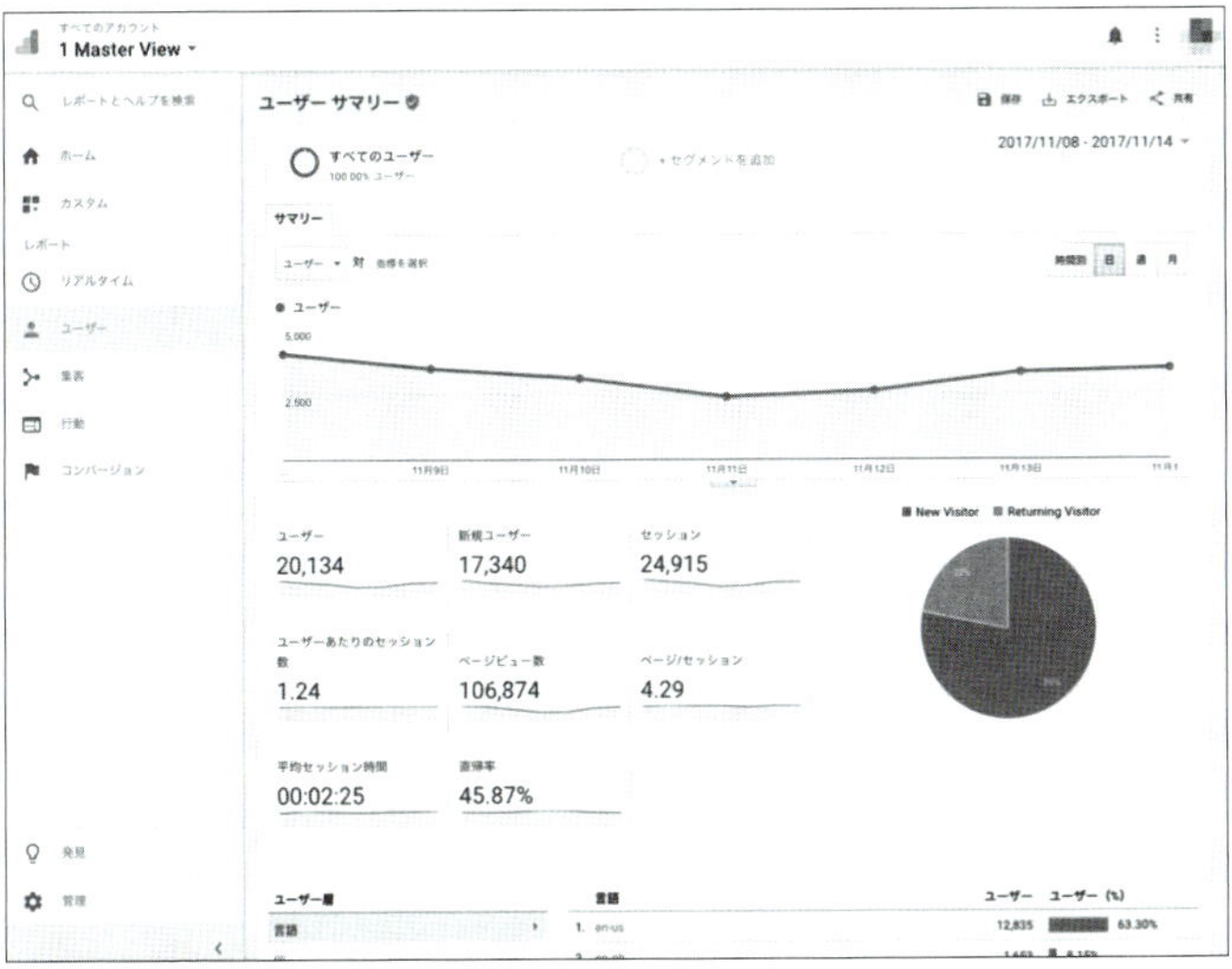

https://www.google.com/analytics/web/?hl=ja

Googleアナリティクスの設定方法

Googleアナリティクスを利用するためには、Googleアナリティクスが、あなたのWebサイトのデータを集計できるようにトラッキングコードと呼ばれるコードを、あなたのWebサイトに貼り付ける必要があります。まずはsearch consoleにWebサイトを登録するのと同じく、Googleアカウントを使って、Googleアナリティクスにログインをしましょう。その後、Webサイトの登録をします。Webサイトを登録したらトラッキングコードを取得して、Webサイトに貼り付ければ、そのWebサイトのデータの集計がはじまります。

Googleアナリティクスの集計ができるようになったら、管理画面の「レポート」から「ユーザー」を開いてみましょう。ここでは、Webサイトにどれぐらいの人が来ているのか（ユーザー数）、1ページだけみて帰ってしまった数（直帰率）、どれぐらいの時間滞在していたのか（平均セッション時間）などを見ることができます。

なお、初めてGoogleアナリティクスを使う人は「ユーザー」の数値を週に1回くらい、眺めるところから始めましょう。余力がある方は、「ユーザー」以外の「集客」や「行動」「コンバージョン」についても合わせて眺めてみるとよいでしょう。

Googleアナリティクスの設定

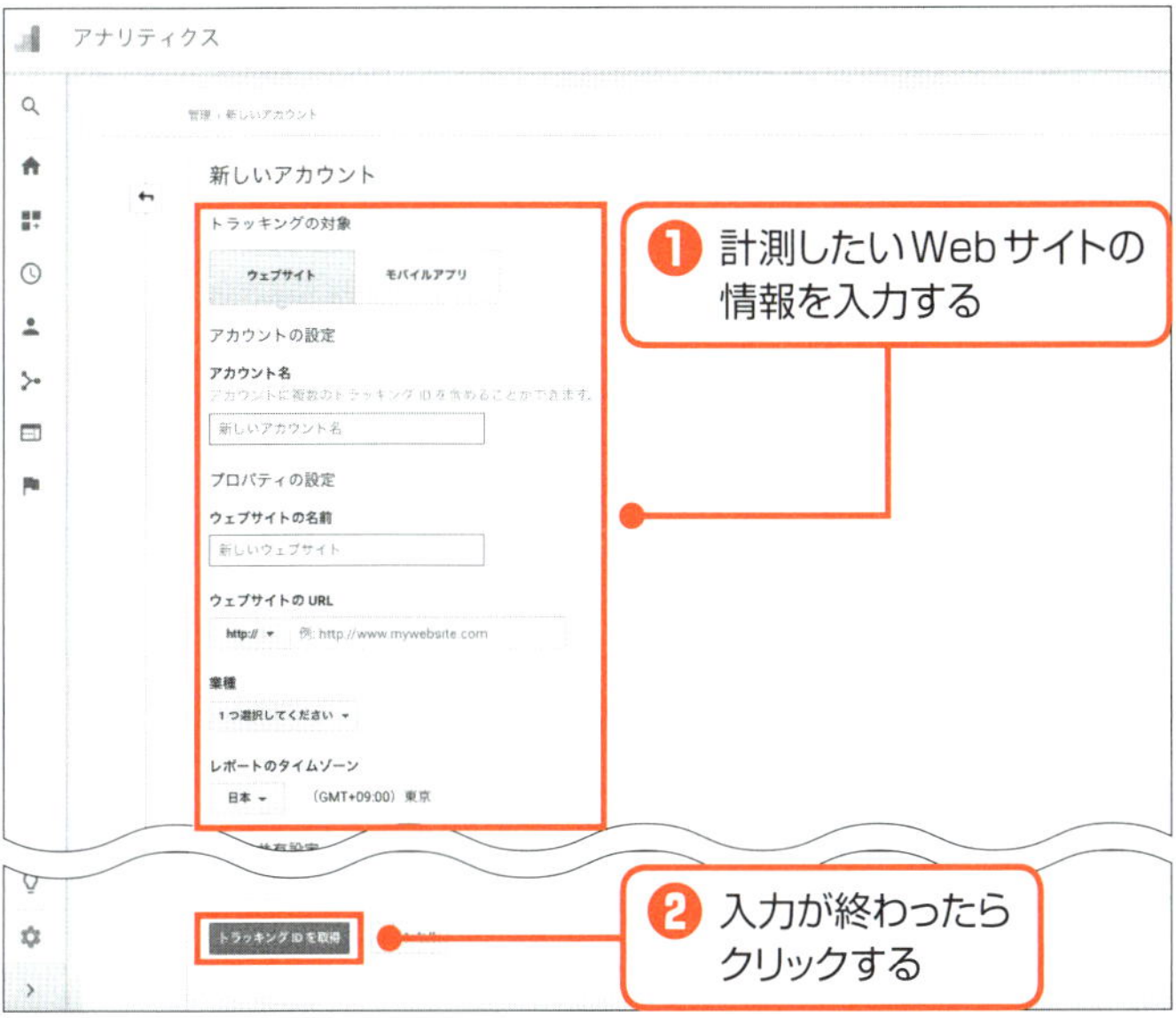

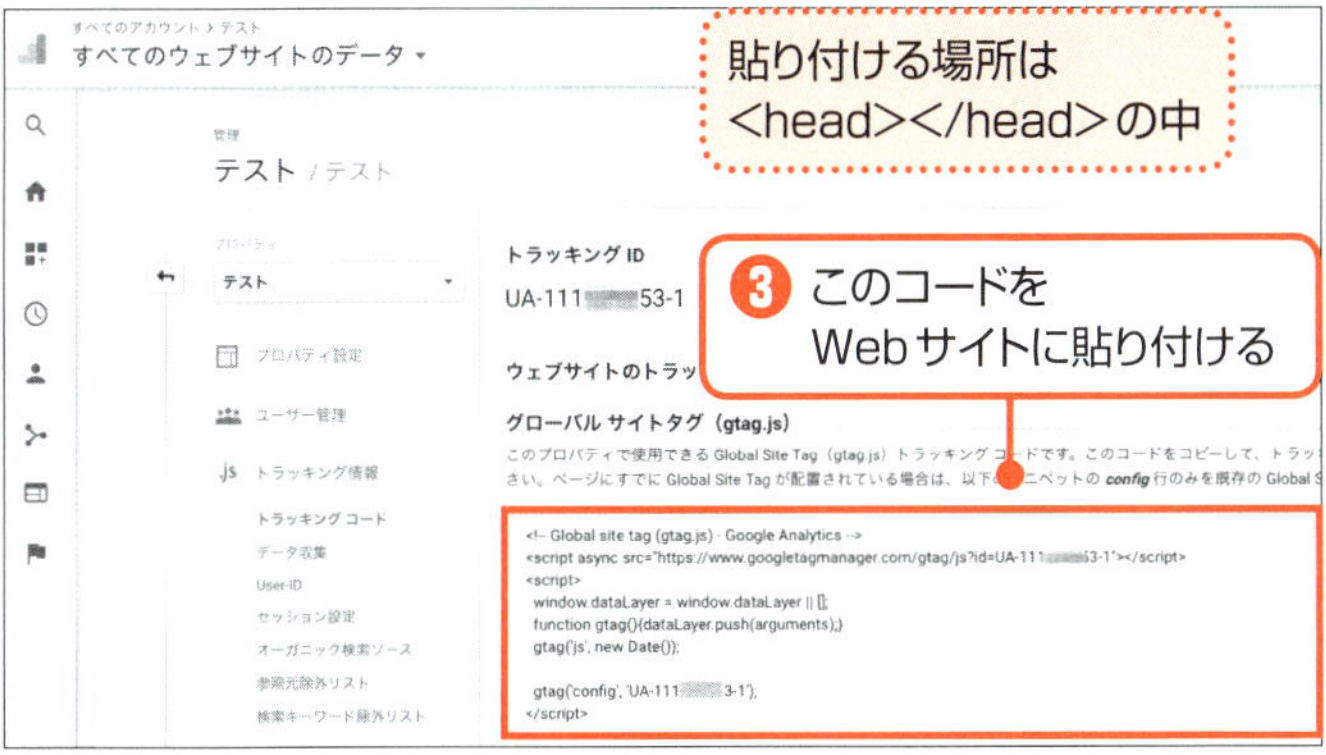

SECTION 28

SEO会社の力を借りた方がよいのか

プラスα

小手先ばかりのSEO会社には要注意

Webページや Webサイトを公開していると、SEO会社から電話やメールで営業などを受けたことがあるかもしれません。なかなか自分だけでSEOに取り組むのは大変だから、専門家の力を借りたいというのは間違いではありません。

しかし、力を借りる相手を間違えてしまうと、大きな痛手を負ってしまうかもしれません。まず気を付けなければいけないのは、「被リンクを貼る」「新たに別のWebサイト（サテライトサイト）を作る」など、**小手先のSEOを提示してくるSEO会社**です。すでにご存知の通り、小手先のSEOが有効だった時代は何年も前に終わっています。それにも関わらず、小手先の手法をとろうとするのは、本当にあなたのことを考えている会社とは思えません。

また、Webサイトを製作し、毎月分割の「リース契約」を提示してくる業者もいます。このようなSEO会社に依頼をしてしまうと、被リンクを貼られたことでペナルティを受けたから、被リンクを外してほしいと連絡しても対応してもらえない、または被リンクを外すのが有料になる、新たに作られたＷｅｂサイトの中身がスカスカで上位表示されない、外部のブログ記事のコピペ記事（低品質なＷｅｂコンテンツ）を量産されたなどの被害に遭ってしまう可能性が高いです。また、こういった業者は一度契約を結んでしまうと契約を解除するのも難しく、手間がかかってしまいます。

そういった被害に遭わないように、**SEO会社の選定には十分に注意を払って**ください。ちなみに「ＳＥＯ業者」や「ＳＥＯ 会社」などで検索をすると被害にあった人のブログ記事などを読むことができます。

SUMMARY

- 「被リンクを貼る」などの小手先の対策をとる会社はNG
- 毎月分割の「リース契約」を提示してくる業者も避けたい
- SEO会社の選定には十分に注意を払わないといけない

Webサイトの設計をしてくれるSEO会社を選ぶ

SEOの専門家の力を借りるのであれば、**健全で正しいホワイトなSEOに取り組むSEO会社を選びましょう**。健全なSEO会社であれば、あなたの商品やサービス、そして顧客について知ろうと細かく質問をしてくれるはずです。

そして、どんな検索キーワードで上位表示をしたら、商品やサービスの売上につながるのか、スモールキーワードはどんなものがあるのかなどを考えたSEOを提案してくれるでしょう。また、内部対策として、どんなWebページが必要なのか、そのWebページをどう配置するのかなどの**Webサイトの構成**や**良質なWebページの作成**について、細かく考えてくれます。また内部リンク、正しいHTML記述などにも適切に取り組んでくれるはずです。

SEOとは、検索エンジンにあなたのWebサイトを最適化することです。最適化をするには、商品やサービス、顧客、検索している人を考慮したWebサイトを作らなければなりません。あなたのWebページやWebサイトの現状を把握することなく、安易に新しいWebサイトを作るのは最適化とはいえません。

SEOで専門家の力を借りるのなら、**しっかりとWebサイトを設計してくれる会社を選ぶ**ようにしてください。

もちろん、あなたがSEOの知識を深めて、自力で取り組んでいくことができれば、それほど理想的なことはありません。

ホワイトなSEO会社

あなたの
会社や商品を知らずに
最適なSEOはできない
Goodな
SEO会社
Webサイトの
目的は？
商品の
特徴は
ターゲット像は
こういった情報を元に
Webサイト全体を設計、改善案を
提案してくれる会社を選ぶ

SECTION 29

SEOがすべての解決策ではない

プラスα

SEOですべての課題が解決できるわけではない

SEOに取り組んで行く際に、**SEOが唯一無二の解決策ではない**ことを忘れてはいけません。集客方法はSEO以外にもあります。たとえば、SEOで成果が出るまでには時間がかかります。上位表示をする間、あなたのWebページやWebサイトに顧客を集めることができないかといえば、そんなことはありません。検索結果に広告を出す(Googleアドワーズなど)こともできます。またはSNSに取り組むこともできます。SEOだけしか取り組んではいけないというルールはどこにもありません。

SEOだけにこだわって、なにがなんでも検索結果で上位表示をしなければダメだ！と思ってしまうと、Web活用という視点で、茨の道を進んでしまい、うまくいっていない不毛な期間を伸ばしてしまうかもしれません。

SEOはあくまでも「手段」のひとつです。どれだけ上位表示をしても商売の利益につながっていなければ本末転倒です。

もっとも大事なことは、**上位表示をすることではなく、Webサイトを通じて目標を達成すること**です。あくまでもSEOができることは、インターネット検索の検索結果で、あなたの商品やサービスと顧客との接点を作ることだけです。

なんのために「SEO」に取り組んでいるのか、その目的を忘れないでください。どれかひとつだけが正解ではなく、それぞれを上手く組み合わせて取り組んでいくことが効率よく、そして早期に目的を達成することにつながります。

SEOのメリット・デメリット

メリット	手段	デメリット
予算が少ない	SEO	効果が出るまでに時間がかかる
即効性が高い	インターネット広告	継続的に広告費が必要
ファン作りが可能	SNS	ファン作りに時間がかかる

Webマーケティングに取り組むことが必要

スマートフォンが普及し、SNSが普及した現代において、事業規模の大小に関わらずWebページやWebサイトがあれば万事OKという時代ではなくなりました。

またSEO、インターネット広告、SNSどれか1つだけに取り組むよりも、複数に取り組むことで、互いに影響し合い相乗効果が得られるようになりました。

たとえば、SNSに取り組むことで、検索結果以外に、あなたのWebページやWebサイトを知る人やファンの人が増えて、顧客も増えるかもしれません。また、SNSであなたの商品やサービスを知って顧客になった人が、ブログで紹介をしてくれて、被リンクを得られるかもしれません。

もちろん、一度にいろいろなことに手を出しすぎて、どれも中途半端になってしまうのは、よくありません。

SEOに取り組むのなら、集中してSEOに取り組むことも大事です。その際にSEOだけに視野を狭めてしまうのではなく、SEO以外のことにも目を向けて、**Webの全体を意識して、Web活用（Webマーケティング）に取り組む**ことで、よりSEOでの高い成果にもつながります。

ネットの相互補完

SEOだけ取り組むよりも
補完し合うことで
相乗効果が得られる可能性大

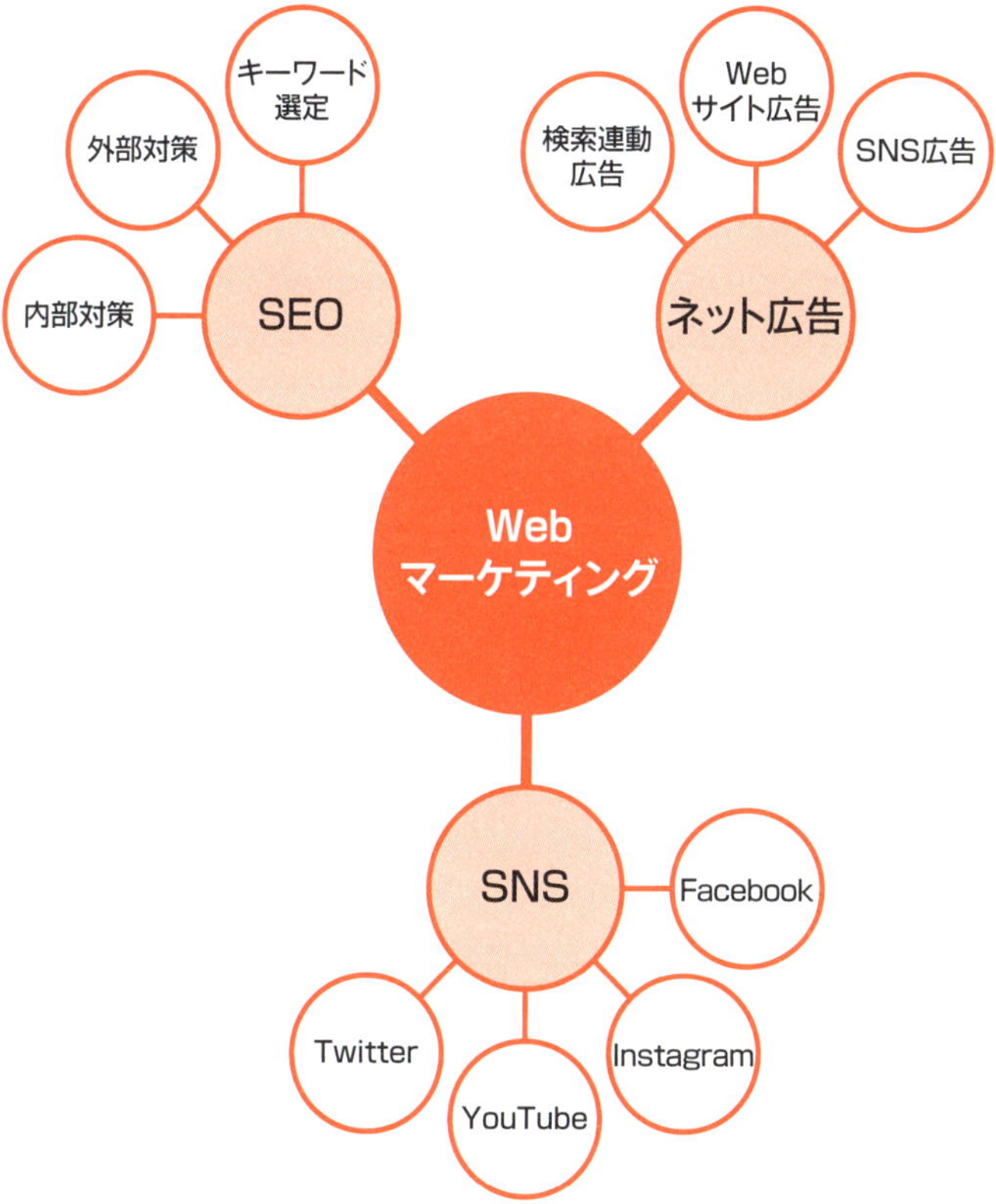

COLUMN

WebサイトのWeb安全性を高めるSSL

Webページや Webサイトの安全性を高めるセキュリティ対策もSEOでは重要になっています。その中でもSSL対応と呼ばれる、Webページを閲覧するためのブラウザ(Microsoft EdgeやGoogle Chromeなど)とWebページのデータが保存されているサーバーとの通信を暗号化して、外部から盗み見られないようにする仕組みの導入は必須です。SSL対応をすると、URLが「http://○○」から「https://○○」となります。これまで決済画面や個人情報の入力画面でのSSL対応が一般的でしたが、GoogleがWebサイト全体をSSL対応することを推奨したことで、急激にWebページやWebサイトのSSL対応が広がっています。WebページやWebサイトに安心して訪問できるようにする「安全対策」もSEOのひとつですので、SSL対応もなるべく早期に行うようにしましょう。

索引

お問い合わせについて

本書に関するご質問については、本書に記載されている内容に関するもののみとさせていただきます。本書の内容と関係のないご質問につきましては、一切お答えできませんので、あらかじめご了承ください。また、電話でのご質問は受け付けておりませんので、必ずFAXか書面にて下記までお送りください。
なお、ご質問の際には、必ず以下の項目を明記していただきますようお願いいたします。

1 お名前
2 返信先の住所またはFAX番号
3 書名
（スピードマスター　1時間でわかる
SEO対策）
4 本書の該当ページ
5 ご使用のOSとソフトウェアのバージョン
6 ご質問内容

なお、お送りいただいたご質問には、できる限り迅速にお答えできるよう努力いたしておりますが、場合によってはお答えするまでに時間がかかることがあります。また、回答の期日をご指定なさっても、ご希望にお応えできるとは限りません。あらかじめご了承くださいますよう、お願いいたします。ご質問の際に記載いただきました個人情報は、回答後速やかに破棄させていただきます。

問い合わせ先

〒162-0846
東京都新宿区市谷左内町21-13
株式会社技術評論社　書籍編集部
「スピードマスター　1時間でわかる
SEO対策」
質問係
FAX：03-3513-6167
URL：http://book.gihyo.jp

■ お問い合わせの例

FAX

1 お名前
技術　太郎

2 返信先の住所またはFAX番号
03-XXXX-XXXX

3 書名
スピードマスター　1時間でわかる
SEO対策

4 本書の該当ページ
103ページ

5 ご使用のOSとソフトウェアのバージョン
Windows 10

6 ご質問内容
2番目の画面が表示されない

スピードマスター　1時間《じかん》でわかる
SEO対策《エスイーオーたいさく》

2018年5月15日　初版　第1刷発行

著　者●遠藤《えんどう》　聡《さとし》
発行者●片岡　巌
発行所●株式会社　技術評論社
東京都新宿区市谷左内町21-13
電話　03-3513-6150　販売促進部
03-3513-6160　書籍編集部
編集●土井　清志
装丁／本文デザイン●クオルデザイン　坂本真一郎
カバーイラスト●タカハラユウスケ
DTP●技術評論社　制作業務部
製本／印刷●株式会社　加藤文明社

定価はカバーに表示してあります。

ISBN978-4-7741-9693-0 C3055
Printed in Japan